Sitzungsberichte
der Akademie der Wissenschaften
der DDR
Mathematik – Naturwissenschaften – Technik

10 N

1977

Physikalisch-chemische Forschungen an Festkörpergrenzflächen

AKADEMIE-VERLAG · BERLIN

Sitzungsberichte
der Akademie der Wissenschaften
der DDR
Mathematik — Naturwissenschaften — Technik

Jahrgang 1977 · Nr 10/N

Physikalisch-chemische Forschungen an Festkörpergrenzflächen

AKADEMIE-VERLAG · BERLIN
1977

Thesen, Vorträge und Diskussionsbeiträge
der Sitzung der Klasse Chemie mit Beteiligung
Auswärtiger Mitglieder und Gäste am
10. und 11. Mai 1976

Herausgegeben im Auftrage
des Präsidenten der Akademie
der Wissenschaften der DDR
von Vizepräsident Prof. Dr. Heinrich Scheel

Erschienen im Akademie-Verlag, 108 Berlin, Leipziger Str. 3–4

Lizenznummer: 202 · 100/255/77
Gesamtherstellung: VEB Druckhaus Köthen
Bestellnummer: 762 541 1 (2010/77/10/N) · LSV 1215
Printed in GDR
DDR 6,– M

Inhalt

Gerhard Keil, Ordentliches Mitglied der Akademie der Wissenschaften der DDR
Begrüßung 5

Wolfgang Schirmer, Ordentliches Mitglied der Akademie der Wissenschaften der DDR
Physikalisch-chemische Forschung an Festkörpergrenzflächen
Thesen 7

Peter A. Thiessen, Ordentliches Mitglied der Akademie der Wissenschaften der DDR
30 Jahre Entwicklung der physikalischen Chemie der Grenzflächen in der DDR 18

Komplex I

Wolfgang Schirmer, Ordentliches Mitglied der Akademie der Wissenschaften der DDR
Struktur und Eigenschaften von Festkörpergrenzflächen 26

Wolfgang Schirmer, Ordentliches Mitglied der Akademie der Wissenschaften der DDR
Stellungnahme zur Diskussion 32

Komplex II

Heinrich Kriegsmann, Prof. Dr., Zentralinstitut für Physikalische Chemie der Akademie der Wissenschaften der DDR
Zur Charakterisierung von Grenzflächen 34

Komplex III

Klaus Meyer, Prof. Dr., Zentralinstitut für Physikalische Chemie der Akademie der Wissenschaften der DDR
Anwendung grenzflächenchemischer Erkenntnisse in der Technik 37

Erwin Wolfram, Prof. Dr. habil., Ungarische Volksrepublik, Institut für Kolloidchemie und Kolloidtechnologie der Loránd-Eötvös-Universität Budapest
Bedeutung von Benetzungsvorgängen in der Grundlagenforschung und der Anwendungstechnik 42

Dietmar Kunath, Dr., Zentralinstitut für Physikalische Chemie der Akademie der Wissenschaften der DDR
Diskussionsbemerkung 46

Manfred Ringpfeil, Korrespondierendes Mitglied der Akademie der Wissenschaften der DDR
Zur Nutzung von Erscheinungen an biogenen Grenzflächen in industriellen mikrobiologischen und biochemischen Prozessen 47

Klaus Meyer, Prof. Dr., Zentralinstitut für Physikalische Chemie der Akademie der Wissenschaften der DDR
Diskussion und Zusammenfassung 51

Komplex IV

Hans Müller, Prof. Dr. habil., Friedrich-Schiller-Universität, Jena
Theoretische Grundlagen der Grenzflächenerscheinungen 54

Gerhard Keil, Ordentliches Mitglied der Akademie der Wissenschaften der DDR
Schlußwort 57

Gerhard Keil

Begrüßung

„Gestatten Sie mir zur Eröffnung der Sitzung der Klasse Chemie mit Beteiligung auswärtiger Mitglieder und Fachkollegen, die zwei Tage in Anspruch nehmen wird, einige Bermerkungen.

Das erste Mal haben wir auswärtige Mitglieder und Mitarbeiter der Akademien der befreundeten sozialistischen Länder angesprochen und um ihre Teilnahme gebeten. Ich habe die große Freude, zu dieser Klassensitzung zu begrüßen:

- aus der Sowjetunion das Mitglied der Akademie der Wissenschaften Prof. N. N. Emanuel
- aus der Volksrepublik Bulgarien die Akademiemitglieder Prof. R. A. Kaishev, Prof. A. Scheludko
- aus der Volksrepublik Polen das Akademiemitglied Frau Prof. B. Jezowska-Trzebiatowska, sowie Prof. B. Baranowski und Prof. J. Haber
- aus der Tschechoslowakischen Sozialistischen Republik das Akademiemitglied Prof. A. A. Vlček (Prag)
- und aus der Ungarischen Volksrepublik das Akademiemitglied Prof. G. Schay und Prof. E. Wolfram (Budapest).

Zum Thema der Klassensitzung ist zu sagen, daß wir nach ausführlichen Diskussionen mit einigen Fachkollegen das Gebiet „Physikalisch-chemische Forschungen an Festkörpergrenzflächen“ gewählt haben, weil wir davon überzeugt sind, daß die Probleme der Grenzflächen an festen Körpern für die Entwicklung unseres Wissenschaftsgebietes von großer Bedeutung sind.

Vielfach stoßen wir bei aktuellen Arbeitsgebieten der chemischen Forschung gerade in dieser Frage an die Grenzen unseres Wissens, und das nicht nur bei der Bearbeitung theoretischer Probleme, sondern auch in großem Maße bei Fragestellungen aus der technologischen Praxis.

Wir haben die Thesen und auch die Klassensitzung selbst in 4 Abschnitte eingeteilt und dabei nicht die ganze Breite der möglichen Probleme angesprochen, andernfalls kämen wir auch in den vorgesehenen zwei Tagen nicht zu der notwendigen Diskussion.

Als Ergänzung zu den vor einiger Zeit allen Mitgliedern und Gästen der Klasse zugegangenen Thesen haben wir kurze Einführungen zur Diskussion vorgesehen, die von Fachkollegen vorgetragen werden:

a) Struktur und Eigenschaften von Festkörpergrenzflächen
Akademiemitglied Prof. SCHIRMER
b) Methoden der Grenzflächencharakterisierung
Professor KRIEGSMANN
c) Anwendung von Grenzflächenerscheinungen in der Industrie
Professor MEIER
d) Theoretische Grundlagen der Grenzflächenerscheinungen
Professor MÜLLER

Unser Mitglied P. A. THIESSEN hat sich bereiterklärt, gewissermaßen zur Einstimmung, einen Vortrag zum Thema „30 Jahre Grenzflächenforschung in der DDR“ zu halten. Mit dem besten Dank für Ihre Mühe darf ich Ihnen, Kollege THIESSEN, das Wort erteilen und die Klassensitzung eröffnen.“

Wolfgang Schirmer

Physikalisch-chemische Forschung an Festkörpergrenzflächen

Thesen

Die Untersuchung von Festkörpergrenzflächen ist ein sehr dynamisches Forschungsgebiet der physikalischen Chemie, das Probleme der Physik, der chemischen Verfahrenstechnik, der Werkstofforschung und der Informationstechnik einschließt. Es ist von allgemeiner wissenschaftlicher Bedeutung, Struktur und Aufbau dieser Grenzflächen, ihr Verhalten gegenüber der Umgebung und unter technischen Bedingungen zu erforschen. Mit Hilfe neuer und verbesserter alter Analysenmethoden und unter Berücksichtigung der Entwicklung theoretischer Ansätze, die Festkörpergrenzflächen betreffen, können auch auf diesem Forschungsgebiet jetzt verallgemeinerungsfähige Erkenntnisse gewonnen werden, aus denen sich wiederum Aufgaben für die Grundlagenforschung der DDR und für die Forschung in RGW-Ländern ableiten lassen. Diesem Ziel soll eine zweitätige Beratung der Klasse Chemie der Akademie der Wissenschaften der DDR im I. Quartal 1976 dienen.

1. *Struktur und Eigenschaften von Festkörpergrenzflächen*

1.1. Zwischen zwei Phasen breitet sich stets ein Grenzgebiet aus, das unter dem Einfluß freier Grenzflächenkräfte steht, nicht als homogene Phase bezeichnet werden kann und meist von der Ausdehnung weniger Atom- oder Moleküllagen ist. Die Festkörpergrenzfläche ist durch eine zusätzliche Energie, die Freie Grenzflächenenergie, gekennzeichnet, die zu ihrer Bildung aufgewandt werden muß und die zum absoluten Wert der Größe der spezifischen Oberfläche in unmittelbarer Beziehung steht.

Da Festkörpergrenzflächen fast stets von Schichten absorbierter Gase, von Feuchtigkeitsfilmen oder anderen Fremdbestandteilen bedeckt sind, bedarf es meist einer intensiven Vorbehandlung unter zum Teil extremen Bedingungen, um „saubere" Grenzflächen herstellen zu können. Die obersten Schichten der Festkörper unterscheiden sich von der Struktur der Volumenphase durch veränderte Parameter.

Da die Beweglichkeit von Oberflächenbausteinen der Festkörper sehr gering sein kann, dauert es oft sehr lange, bis sich die Festkörpergrenzfläche durch Umorientierung in die Gleichgewichtslage gebracht hat. Im allgemeinen liegt die Festkörpergrenzfläche in einer Struktur vor, die dem thermodynamischen Gleichgewicht nicht entspricht. Deshalb ist die Freie Grenzflächenenergie von Festkörpern sehr stark von der Entstehung der Grenzflächen und ihrer Vorgeschichte abhängig. Da sie nicht unmittelbar exprimentell bestimmt werden kann, steht diese wichtige Grenzflächeneigenschaft für Experimente und Berechnungen nicht mit ausreichender Genauigkeit zur Verfügung.

1.2. Wichtigste Erscheinung an Festkörpergrenzflächen ist die Adsorption aus der Gas- oder flüssigen Phase. Je nach den hierbei vorherrschenden Wechselwirkungskräften unterscheidet man zwischen Physisorption und Chemisorption. Diese Unterschiede sind vorwiegend konventioneller Natur und haben für eine wissenschaftlich-theoretische Fundierung der Sorptionserscheinungen geringe Bedeutung. Ziel der theoretischen Untersuchung von Adsorptionsvorgängen ist es, die Adsorption aus den Eigenschaften der adsorbierten Teilchen und denen der Festkörpergrenzflächen zu erklären und das Gesamtverhalten derartiger Systeme quantitativ zu beschreiben. Zur Zeit gibt es keine umfassende und allgemeine Theorie der Adsorption.

Die Adsorption hat große technische Bedeutung für die Durchführung von Trenn- und Reinigungsprozessen. Sie ist unentbehrliche Vorstufe für alle Grenzflächenreaktionen in Festkörpern, zum Beispiel:

- die Entfernung von Wasserdampf und schwefelhaltigen Verbindungen aus Gasströmen,
- die Selektivadsorption an mikroporösen Adsorbentien. Vorstufe bei allen Reaktionen in der Festkörpergrenzfläche und für alle Erscheinungen der heterogenen Katalyse.
- Vorstufe von Reaktionen an Elektroden.
  Primärvorgang bei der Korrosion.
- Elementarschritt bei der Reibung, Schmierung und bei Verschleißvorgängen.
  Voraussetzung zur Erzeugung von Schutzfilmen aller Art.
  Als Vorstufe der Epitaxie von Bedeutung für die Produktion von Bauelementen.
- für die Erhöhung der Stabilität disperser Systeme, für Prozesse der Flotation und des Kristallwachstums.

Die Adsorption ist also eine Erscheinung von sehr allgemeiner Bedeutung. Die zu ihrer Untersuchung entwickelten Methoden und die grundlegenden theoretischen Ansätze können auf vielen Gebieten multivalent genutzt werden. Allerdings bevorzugen zur Zeit noch zahlreiche Forschergruppen spezifische Modellvorstellungen, die für ihr Arbeitsgebiet entwickelt wurden. Dieses lassen sich mit verhältnismäßig geringem Aufwand auf eine allgemeinere Darstellung zurückführen. Der hiermit verbundene Rationalisierungseffekt sollte von uns herausgearbeitet werden.

1.3. Treten kondensierte Phasen miteinander in Wechselwirkung, ohne daß eine chemische Reaktion diesen Vorgang entscheidend beeinflußt, so spricht man von *Adhäsion.*

Diese Erscheinung hat besondere Bedeutung bei

- allen Problemen der Grenzflächenschmierung und -reibung,
- bei der Verbundbildung und hier besonders in den ersten Stadien der Wechselwirkung der verschiedenen Phasen,
- bei Klebvorgängen und bei allen Hafterscheinungen heterogen zusammengesetzter Festkörpersysteme,
- bei der Flotation.

Die Adhäsion ist ebenfalls eine sehr allgemeine Erscheinung. Sie wird gegenwärtgi noch durch verschiedene theoretische Ansätze interpretiert. Im Interesse einer einheitlichen wissenschaftlichen Bearbeitung und einer verstärkten Anwendung der Erkenntnisse in der Praxis erscheint es zweckmäßig, durch weitere Forschungen die Vorstellungen auf diesem Gebiet zu vereinheitlichen. Experimentelle Arbeiten werden dadurch erschwert, daß es nur in Ausnahmefällen möglich ist, einheitlich homogene, saubere und völlig ebene Festkörpergrenzflächen herzustellen. Entsprechende experimentelle Arbeiten, die sich durch hohe Präzision auszeichnen sollten, müßten in Angriff genommen werden, ehe weitere Fortschritte auf theoretischem Gebiet zu erwarten sind.

1.4. Festkörpergrenzflächen sind im allgemeinen heterogen und geometrisch ungenau definiert. Ausnahmen hiervon können bilden: Einkristalle aller Art, bestimmte Graphitflächen und Spaltflächen in Richtung des kristallinen Aufbaues. Die Inhomogenität wird durch die nicht ebene Ausbildung der Grenzflächen während der Kristallisation oder der Festkörperbearbeitung verstärkt. Die Oberfläche des realen Kristalls zeichnet sich durch Strukturdefekte aller Art aus. Diese können bei der Adsorption, der heterogenen Katalyse und der Keimbildung die Rolle von aktiven Zentren übernehmen. Die Textur des Festkörpers beeinflußt seine Grenzfläche nachhaltig. Korngrenzen der Kristallite, Poren, das Auftreten unterschiedlicher Phasen und amorphe Anteile können die Struktur von Festkörpergrenzflächen bestimmen. Die Inhomogenität von Grenzflächen wird durch das Auftreten elektrischer Felder und einer damit verbundenen spezifischen elektrischen Oberflächenleitfähigkeit verstärkt.

Hauptgegenstand der Forschung sind also Festkörper mit heterogenen Grenzflächen. In diesen spielen nicht nur die molekulare Struktur, sondern auch die Sekundärstruktur der Teilchen, ihre Textur, der Ordnungszustand und die Porengröße eine entscheidende Rolle.

Die genannten Eigenschaften haben Bedeutung für

- die technische Selektivadsorption,
- den Ablauf katalytischer Reaktionen,
- die Reaktionsfähigkeit mechanisch und strahlenchemisch aktivierter Festkörper,
- das Auftreten von Lokalelementen bei der Korrosion,
- die Elektrochemie, die sich unter technischen Bedingungen fast ausschließlich mit heterogenen Elektrodenoberflächen beschäftigt,
- Festkörperreaktionen, zum Beispiel die Bildung von Zement, die Aufbereitung

mineralischer Rohstoffe oder für die Herstellung keramischer und metallischer Sinterstoffe,
- den Einsatz von Materialien in der Werkstofforschung.

Die Klärung der hierbei auftretenden Probleme hat größte wissenschaftliche und praktische Bedeutung. In zum Teil neuartigen Zusammenhängen liefert sie reproduzierbare Versuchsergebnisse, stellt zusätzliche Forderungen an künftige Forschungskonzeptionen und sichert eine einheitliche theoretische Fundierung des Gesamtgebietes. Sie ist an das Vorliegen leistungsfähiger Analysenmethoden gebunden.

1.5. Je größer der spezifische Wert der Grenzflächen eines Festkörpers (bezogen auf die Masse) ist, um so stärker bestimmt die Grenzfläche die Festkörpereigenschaften. Hochdisperse Festkörper zeichnen sich durch Freie Grenzflächenenergien aus, die um 3 bis 5 kcal/mol größer als die entsprechenden Werte grobdisperser Systeme sind. Dadurch wird die Reaktionsfähigkeit dieser Systeme bereits nachhaltig beeinflußt, ein Effekt, der durch zusätzliche Gitterstörungen, die bei der Herstellung feiner Dispersion auftreten, noch erhöht wird.

Bei Molsieben verliert der Begriff der Grenzfläche seinen Sinn und muß durch geeignetere Größen, zum Beispiel durch das Adsorptionspotential, ersetzt werden. Hierauf müssen thermodynamische und quantenchemische Untersuchungen Rücksicht nehmen.

Ein Ziel der Festkörperforschung kann die Herstellung des ausschließlich aus Grenzflächen bestehenden Festkörpers sein. Während die theoretische Behandlung der damit verbundenen Phänomene bereits erfolgt, steht die experimentelle Bearbeitung vor großen Schwierigkeiten. An einem solchen hypothetischen Produkt könnten Fragen der Grenzflächen unbeeinflußt vom Charakter der Volumenphase studiert werden. Reaktionen von Clustern, die aus nur wenigen Molekülen bestehen, bilden den Übergang zu den immer stärker auch experimentell bearbeiteten Gebiet der Reaktion einzelner Atome. Hier sind Übergänge vom feindispersen Festkörper bis zu den Atomen und Molekülen bereits fließend.

Auch die Reaktionsfähigkeit monomolekularer Oberflächenfilme und Inselstrukturen beansprucht wachsendes experimentelles und theoretisches Interesse. Diese Erscheinungen stellen zum Teil Vorstufen für die obengenannten technischen Anwendungen dar. Sie haben darüber hinaus noch Bedeutung für folgende Anwendungsfälle:

- Synthese metallorganischer Verbindungen,
- Komplexverbindungen, die in der homogenen Katalyse eingesetzt werden,
- Gewinnung spezieller Komplexe und von Sandwichstrukturen für die Halbleitertechnik.

2. *Methoden der Grenzflächencharakterisierung*

Durch den Einsatz moderner überwiegund physikalischer Analysenmethoden sind in den letzten 10—20 Jahren große Fortschritte bei der Charakterisierung von

Festkörpergrenzflächen, bei der Erforschung ihrer Struktur und ihrer Reaktionsfähigkeit erzielt worden. Zwischen der Entwicklung der Analysenverfahren und dem Erkenntnisstand über Grenzflächenphänomene besteht eine enge Wechelwirkung.

Heute werden etwa 25% der Kapazität der physikalischen Analysenverfahren für die Untersuchung von Grenzflächenproblemen eingesetzt. Dieser Anteil wächst ständig an.

Es sind folgende Probleme zu bearbeiten:

- Morphologie und Topologie der Festkörpergrenzflächen,
- Elementzusammensetzung und -verteilung in der Grenzfläche,
- Struktur und Textur der Grenzfläche,
- Änderungen der Grenzflächenstruktur durch Adsorption und Reaktion,
- Dynamik und Kinetik in und an Festkörpergrenzflächen.

Die Grenzflächencharakterisierung stellt ein außerordentlich komplexes Forschungsgebiet dar, in dem folgende Besonderheiten zu berücksichtigen sind:

- Die Grenzflächen müssen über eine genügend große und gut ausgebildete spezifische Oberfläche verfügen. Diese muß für das Analysenverfahren zugänglich sein (IRS, Adsorptionsverfahren, Bestimmung der Benetzungswärme, optische Methoden).
- Adsorbierte Molekeln bedecken die Grenzflächen oft in sehr geringen Konzentrationen. so daß die meisten Analysenmethoden an der untersten Grenze ihrer Empfindlichkeit angewandt werden müssen. Daraus ergeben sich Schwierigkeiten bei der Interpretation der Meßergebnisse und der Einschätzung der Fehlergrenzen.
- Die Eigenschaften der Phasengrenze müssen sich von denen der Volumenphase deutlich unterscheiden (LEED, RHEED, Photoelektronenspektroskopie, Ramanspektroskopie, elektrische Leitfähigkeit).
- Da eine saubere und definierte Präparation der Festkörperproben Voraussetzung ist, ist die Anwendung der physikalischen Analysenverfahren unter Berücksichtigung der obengenannten Punkte meist zeit- und arbeitsaufwendig. Sie liefert allerdings auch Aussagen, die mit konventionellen Methoden nicht erreicht werden können.
- Die Grenzflächencharakterisierung hat heute eine große Bedeutung erlangt, da einige Analysenmethoden für die Betriebskontrolle technischer Verfahren eingesetzt werden (IRS, Gaschromatographie).

An besonders aktuellen Fragen treten gegenwärtig auf:

2.1. Die modernsten Verfahren zur Untersuchung von Festkörpergrenzflächen sind solche, die eine Analyse der chemischen Zusammensetzung und der Kristallstruktur mit einer stark vergrößerten Abbildung der Oberfläche kombinieren.

Während die Elektronenstrahlmikrosonde in der Lage ist, Materialanalysen kleinster Oberflächenbereiche vorzunehmen, wird nach dem Prinzip des Restelektronenmikroskopes eine Abbildung der Oberfläche erreicht.

Neue Entwicklungen betreffen Verfahren, die die Prinzipien beider Methoden miteinander kombinieren. Hierzu sind verschiedene Arten der Elektronenmikroskopie, das Feldionenmikroskop und das Feldelektronenmikroskop zu zählen.

Der Übergang zu den Methoden der Materialanalyse und der Kristallstrukturanalyse von Festkörpergrenzflächen ist fließend. Die spezifischen Besonderheiten dieser Methoden und die Zweckmäßigkeit ihrer Anwendung sollten noch stärker als bisher herausgearbeitet werden.

2.2. Von besonderer Bedeutung ist der differenzierte Einsatz der verschiedenen Formen der Elektronenspektroskopie, zu denen folgende Methoden gehören:

ESCA, AES, (Auger,) EPMA (Elektronenstrahlmikroanalysator), SIMS (Sekundärionenmassenspekroskopie) und unter Berücksichtigung der Diffraktion auch LEED.

Diese Methoden unterscheiden sich durch ihre Eindringtiefe in die Grenzflächenbereiche von Bruchteilen eines nm bis zu 1000 nm, in ihrer Empfindlichkeit gegenüber dem Bedeckungsgrad der Oberfläche durch sorbierte Molekeln, in der Anwendung auf bestimmte Gruppen von Festkörpern und im Nachweis von Elementen oder Verbindungen. Der differenzierte Einsatz dieser Methoden liefert außerordentlich wichtige Aussagen über den Zustand der Grenzfläche.

Immer stärker setzt sich die Erkenntnis durch, daß es nicht mehr genügt, ein Ergebnis mit Hilfe nur einer Methode zu erhalten, sondern die Bestätigung durch weitere nach anderen Prinzipien arbeitende Methoden zu erlangen.

2.3. Molekülspekroskopische Methoden aller Wellenlängenbereiche lassen sich auch auf die Untersuchung von Grenzflächen anwenden. Das gilt für die IRS ebenso wie für Raman und vis-UV. Dabei treten Reflexionsmethoden immer stärker in den Vordergrund. Die Auswertung nach dem Fourier-Transformprinzip und der Übergang zur Messung der Intensitäten von Signalen sind leistungsfähige Entwicklungen.

2.4. Chromatographie

Während die Chromatographie nur bedingt Aussagen zur Festkörperproblematik leisten kann, baut sie selbst auf Grenzflächenerscheinungen auf und nutzt daher die durch Grenzflächenuntersuchungen erlangten wissenschaftlichen Erkenntnisse, so daß ihre weitere Entwicklung hiervon abhängig ist.

2.5. Optische Methoden

Für die Untersuchung von Grenzflächenfilmen hat die Ellipsometrie wachsende Bedeutung erlangt. Alle optischen Methoden wurden durch den Einsatz von Laserstrahlquellen stimuliert, so daß sie in eine neue Entwicklungsphase eingetreten sind.

2.6. Spezifische Analysenmethoden wie die Mößbauerspektroskopie, Massenspekotroskopie, Rasterelektronenspektroskopie, elektrochemische Sorptionsanalyse und Desorptometrie leisten Beiträge zur Lösung von Grenzflächenerscheinungen. Die Bedeutung rein chemischer Analysenmethoden darf nicht unterschätzt werden. Besonders in Form der Mikroanalyse und mit Hilfe der radiochemischen Markierung sind Methoden entwickelt worden, die sich durch hohe Leistungsfähigkeit auszeichnen.

2.7. Jedes der genannten Analysengebiete zeichnet sich durch spezifischen Einsatz aus. Da es selbst in leistungsfähigen Forschungsinstituten Schwierigkeiten bereitet, alle Methoden zur Charakterisierung von Grenzflächen zur Verfügung zu haben, sollte eine gemeinsame Nutzung schwer zu beschaffender Geräte auch im Rahmen des RGW ins Auge gefaßt werden. Der Erfahrungsaustausch über den rationellen Einsatz der Methoden und ihre spezifische Aussagekraft sollte Gegenstand der internationalen Kooperation sein. Es gehört zur wichtigsten Aufgabe, die genannten Methoden auf die jeweiligen Probleme zu adaptieren und einzusetzen. Dort, wo erforderlich, sind Verbindungen zur technischen Praxis herzustellen.

3. Charakteristische Anwendung von Grenzflächenerscheinungen in der Industrie

Phasengrenzen besitzen außer bei Gasreaktionen in homogener Phase größte Bedeutung für Maßstabsübertragung, da sie die Vermittler von Stoff- und Wärmeflüssen sind. Die chemische Verfahrenstechnik ist an einer sicheren Beherrschung der Grenzflächeneffekte in Form von Widerstandswerten, Übergangszahlen und Durchbruchskurven stark interessiert. Die Grenzflächenerscheinungen haben Bedeutung für folgende volkswirtschaftlich wichtigen Gebiete (eine Auswahl):

3.1. *Adhäsion*

Verbunde Metall — Plast, Oxide — Plast, Kohlenstoffaden — Plast, Wirkung von Haftvermittlern, Grundlagen der Klebetechnik, Elementarschritte bei Reibung und Verschleiß, Beeinflussung des Adhäsionsverhaltens durch Plasmaaktivierung in Gegenwart von Monomeren.

3.2. *Sorptionsvorgänge*

Einsatz von Aktivkohle und Silikagel bei der Gasreinigung und -trocknung in der chemischen Industrie.

Einsatz von Molekularsieben bei der Stofftrennung.

Technische Membrantrennprozesse (Permeation, Reversosmose, Ultrafiltration, Elektrodialyse).

Einsatz von Gatterstoffen in der UHV-Technik und Verhalten von Werkstoffoberflächen im Hochvakuum.

3.3. *Chemisorption und Oberflächenreaktion*

Fließender Übergang zu 3.2.

Chemisorption als Vorstufe der heterogenen Katalyse.

Wechselwirkung zwischen Gasen und Metallen.

Verhalten von Wassersoff gegenüber Metallen.

Aufbringen von Leuchtstoffen auf transparenten Trägern.

3.4. *Reaktionen an Festkörpergrenzflächen*

3.4.1. Nichtkatalytische Vorgänge

Mechanismus der Verbrennung von Feststoffen, Oxydations- und Verzunderungsvorgänge, Elementarvorgänge der Schmierung, Passivierungserscheinungen, verschiedene Formen der Korrosion.

3.4.2. Katalytische Vorgänge

Zusammenwirken zwischen geometrischen und energetischen Faktoren in der Grenzfläche, Struktur-Eigenschafts-Beziehungen im Hinblick auf die Katalyse, Methoden der gezielten Strukturierung von Katalysatoroberflächen, geschwindigkeitsbestimmende Teilschritte, Alterserscheinungen.

3.5. *Grenzflächen von Elektrodenmaterialien*

Berücksichtigung der Oberflächenheterogenität bei Vorgängen an der Elektrode, Elementarschritt der Durchschnittsreaktion, Ursachen und Beeinflussung der Überspannung, technische Redoxvorgänge, Elementarschritte der Elektrosynthese organischer Verbindungen. Kopplung von elektrochemischen, katalytischen und mechanochemischen Effekten.

3.6. Grenzflächenerscheinungen in dispersen Systemen der Technik

Beeinflussung der Stabilität von Dispersionen in der Polymerisation, Beschichtung von Magnettonbändern als Ergebnis der Dispersionsstabilität (Adsorptionsschichten), Grundlagen der Flotation, Anwendung dünner Filme in der Filmbegußtechnik, die Fällung von Hydroxidgelen in der anorganischen Chemie, Kondensationsstrukturen bei der Betonhärtung, die Systeme Füllstoff — Plast.

3.7. *Grenzflächen bei Schmierungsproblemen*

Auf diesem Gebiet ist sowohl die Wechselwirkung zwischen Schmierstoff und Festkörperoberfläche als auch die Veränderung von Zusatzstoffen unter dem mechanischen Einfluß der Reibung zu studieren. Elementarvorgänge der Reibung und des Verschleißes sind mit Hilfe einfacher Modellsysteme zu untersuchen. Beziehungen zwischen der Struktur der Schmierstoffe und den Schmiereigenschaften sind auf der Grundlage molekularer Erkenntnisse auszuarbeiten.

3.8. *Gezielte Bearbeitung und Veränderung von Grenzflächen*

Anwendung moderner physikalischer Bearbeitungsverfahren. Ätzen, Sputtern, Elektroerosion, Maskentechnik, Expitaxieverfahren bei Halbleitern.

Die Gebiete werden mit ihrer wissenschaftlichen und technischen Verflechtung dargestellt. Es erscheint zweckmäßig, hierfür folgende Beispiele auszuwählen:

Parex-Verfahren,
katalytische Einstellung des Wasser-Gas-Gleichgewichtes,
Verbundbildung in Plasten,

Stickoxidreduktion zu Hydroxylamin,
Beschichtung von Magnettonbändern,
chemische Vorgänge während der Schmierung und Reibung.

4. *Theoretische Grundlagen der Grenzflächenerscheinungen*

Die bekannten Schwierigkeiten bei der theoretischen Beschreibung kondensierter Phasen treten auch bei Grenzflächenerscheinungen stark hervor. Die Systeme und Vorgänge sind komplex und lassen sich nicht ohne weiteres in Teilsysteme zerlegen. Makroskopische Größen, die die Grenzflächen oder Vorgänge an Grenzflächen charakterisieren, können zur Zeit noch nicht zuverlässig theoretisch berechnet werden. Die charakteristische Größe der Freien Grenzflächenenergie kann experimentell nicht einwandfrei ermittelt werden. Da die Wechselwirkung Teilchen $\rightleftharpoons$ Festkörpergrenzfläche alle Schwierigkeiten der Wechselwirkung zwischen isolierten Teilchen beinhaltet, dürfte es noch lange Zeit dauern, bis für Grenzflächenerscheinungen allgemeingültige theoretische Ansätze zur Verfügung stehen.

Die theoretische Behandlung stützt sich grundsätzlich auf Methoden der Quantenmechanik (ini einigen Fällen auch der klassischen Mechanik), der statistischen Physik sowie der phänomenologischen Thermodynamik. Die theoretischen Grundbeziehungen lassen sich oft allgemein formulieren. Für praktisch interessierende Probleme ist ihr Einsatz zu kompliziert. Man ist auf stark vereinfachte Modelle oder Näherungen angewiesen.

Für die Berechnung von Wechselwirkungen zwischen Einzelmolekülen und Festkörperoberflächen, was in der Adsorption und der heterogenen Katalyse von Bedeutung sein kann, verspricht ein kombinierter Einsatz von molekül- und festkörpertheoretischen Methoden gewisse Erfolge. Forschritte wurden in der letzten Zeit bei der Modellierung der Festkörperoberfläche zum Beispiel als Atomcluster erzielt. Auf diese Weise können qualitative Informationen über die Änderung von Molekülparametern bei der Wechselwirkung mit dem Festkörper sowie über die Wechselwirkungspotentiale Adsorpt — Festkörper, Adsorpt — Adsorpt erhalten werden. Auf diese Weise werden empirische Potentialansätze fundiert.

Aus Parametern mikroskopischer Teilsysteme können mit Hilfe statistisch-physikalischer Methoden makroskopische Zustandsgrößen und kinetische Daten berechnet werden. Allerdings kommt der praktischen Realisierbarkeit dieses Vorgehens infolge des hohen Aufwandes an Rechenkapazität und des Fehlens geeigneter Näherungsmethoden nur begrenzte Bedeutung zu.

Untersuchungen an einfachen Modellsystemen haben große Bedeutung für das Auffinden allgemeiner Gesetzmäßigkeiten und für die Gültigkeitsabrechnung vereinfacher theoretischer Konzeptionen. Gegenwärtig sind wir in der Lage, lediglich bestimmte Teilprobleme, zum Beispiel Strukturen von Oberflächenkomplexen, zu behandeln.

Für die theoretische Beschreibung komplizierter Systeme und Vorgänge auf makroskopischer Ebene stehen vorwiegend Methoden der phänomenologischen Thermodynamik zur Verfügung. Für mikroporöse Adsorption und ähnliche Festkörper eignen sich Ansätze, die auf der Grundlage der statistischen Thermodynamik von dem Prinzip der Separierbarkeit der Mikrohohlräume ausgehen.

Zu den Gebieten, auf denen zur Zeit einer genügend umfassenden theoretischen Behandlung besondere Schwierigkeiten entgegenstehen, gehören außer der heterogenen Katalyse (insbesondere deren Kinetik) die Probleme der Festkörperreaktivität, die tribochemischen Erscheinungen sowie die Adhäsion und Verbundbildung.

Aus der gegenwärtigen Situation leiten sich für die Theorie der Grenzflächenerscheinungen u. a. folgende Aufgaben ab, die sämtlich ein enges Zusammenwirken von Theorie und Experiment erfordern:

4.1. Entwicklung der statischen und dynamischen Theorie der Wechselwirkungen Molekül — Festkörperoberfläche (Quantenchemie).

4.2. Entwicklung der statistisch-physikalischen Theorie der Zustandsgrößen und kinetischen Parameter von Grenzflächenerscheinungen.

4.3. Arbeiten zur Fundierung, Gültigkeitsbestimmung und Verallgemeinerung der bekannten theoretischen Konzeptionen zur Beschreibung von Grenzflächenerscheinungen (z. B. DLOV-Theorie, elektrostatische und andere Modelltheorien der Adhäsion, Modellisothermen der Adsorption usw.).

4.4. Entwicklung neuer Modellansätze für die theoretische Behandlung von Grenzflächenphänomenen (z. B. mechanische Aktivierung).

4.5. Anwendung der Thermodynamik irreversibler Prozesse zur Beschreibung kinetischer Vorgänge an Grenzflächen.

5. *Schlußfolgerungen für die weitere Arbeit*

5.1. Für das theoretische Gebiet gelten die unter 4 genannten Aufgaben.

5.2. Ein Schwerpunkt der Adsorptionsforschung sind die mikroporösen Adsorbentien und die Zeolithe, wobei vor allem kinetische Fragen und spezifische Adsorbatstrukturen einer intensiven Bearbeitung unterliegen. Hier spielt die Anwendung der Ergebnisse eine große Rolle.

5.3. Experimentelle Arbeiten über einfache Adsorbate (Edelgas und weitgehend homogene Festkörper) liefern Voraussetzungen für eine weitere theoretische Fundierung der Adsorptionsvorgänge. Elementarvorgängen der Chemisorption ist entsprechende Aufmersamkeit zu widmen.

5.4. Für den Ausbau der Theorie der Adhäsion sind entsprechende experimentelle Arbeiten an Verbundwerkstoffen unterschiedlicher Materialkombinationen durchzuführen.

5.5. In der Katalysatorforschung stehen Struktur-Eigenschafts-Beziehungen im Vordergrund. Besonders ist die Wechselwirkung zwischen aktiven Zentren und Mikroumgebung zu studieren. Der gezielte Aufbau von Oberflächenstrukturen mit Hilfe neuartiger Methoden ist weiter zu entwickeln.

5.6. Die Theorie der Korrosionsvorgänge ist unter dem Aspekt des Einflusses elektromechanisch-chemischer Einflüsse auszubauen. Haftfestigkeit und Funktion korrosionsschützender Überzüge sind zu untersuchen.

5.7. In der Kolloidchemie ist die Stabilität disperser Systeme unter besonderer Berücksichtigung des Einflusses adsorbierter Grenzschichten zu untersuchen. Koaleszenzvorgänge sind einzubeziehen. Das Ziel ist, die DLOV-Theorie auf geringe Teilchenabstände anwendbar zu machen.

5.8. Die Ergebnisse kolloidchemischer Forschung sind für technische Aufgaben der Polymerisation, der Tonbandbeschichtung und der Baustoffherstellung einzusetzen.

5.9. In der Analytik sind vor allem elektronenspektroskopische Methoden zu entwickeln. Die Verbindung zwischen Elektronenmikroskopie und Elementanalyse ist mit Hilfe verschiedener Methoden auszubauen. Der theoretische Informationsgehalt dieser Methoden muß verstärkt werden.

5.10. Es sind Oberflächenreaktionen unter dem Einfluß spezifischer Energieträger (Photonen, Korpuskularstrahlen und Plasma) zu untersuchen.

5.11. Den Oberflächenreaktionen in biologischen Systemen ist besondere Aufmerksamkeit zu schenken.

5.12. Der Einsatz trägerfixierter Enzyme ist mit den Problemen der Grenzflächenvorgänge eng zu verbinden.

Die Einheitlichkeit des Gebietes Grenzflächenerscheinungen ist aus Gründen der Rationalisierung der Forschung dort hervorzuheben, wo die wissenschaftlichen Grundlagen aus einheitlichen Vorstellungen hervorgehen. Den spezifischen Besonderheiten jedes Teilgebietes ist Rechnung zu tragen und die gleichzeitig ablaufenden Prozesse der Differenzierung und der Integration der Forschung sichtbar zu machen. Die entsprechenden Konzeptionen und der wissenschaftliche Ausweis der Forschungsergebnisse werden in der Hauptforschungsrichtung „Physikalische Chemie“ gegeben.

Peter A. Thiessen

30 Jahre Entwicklung der physikalischen Chemie der Grenzflächen in der DDR

Hinter 30 Jahren Arbeit an Problemen der physikalischen Chemie von Grenzflächenvorgängen in der DDR stehen für mich mehr als 20 Jahre vorangegangener Beschäftigung mit diesen Problemen in Theorie, Experiment, Entwicklung und Anwendung. Ein Jahrzehnt davon gehörte der Kolloidchemie, die unbedingt in die physikalische Chemie der Grenzflächenvorgänge einzubeziehen ist. Es ist dabei für mich nicht leicht, strukturelle Mängel in meiner Beurteilung der Besonderheiten auf diesem Gebiet in der DDR auszuschließen und ohne subjektiv begründete Störungen darzustellen. Der einzige sichere Weg ist, sich an reproduzierbar begründete Komplexe von Tatsachen in Theorie, Experiment und Anwendung zu halten. Tatsachen haben eine unbestreitbare Gewalt!

Der Anfang der zurückliegenden drei Jahrzehnte fiel zusammen mit dem Ende des zweiten Weltkrieges. Handgreifliche Forderungen eines neuen Aufbaus der Produktionsmittel unter den Bedingungen sozialistischer Staatswesen stellten ihre Bedingungen. Ansprüche an die Erkenntnis physikalisch-chemischer Zusammenhänge der Grenzflächenvorgänge entstanden sofort beim Wiederaufbau der zerstörten Produktionsanlagen der Chemieindustrie. Der größte Teil der dort laufenden Prozesse stützte sich auf chemische Reaktionen, die von Anfang bis zu Ende bestimmt waren durch Forderungen an die Anwendung der heterogenen Katalyse. Hier leistete Wolfgang Schirmer [1] als wissenschaftlicher Leiter der Leuna-Werke eine vorbildliche Aufbauarbeit, die innerhalb der DDR und außerhalb ihrer Grenzen produktiv wirkte und auch als besondere Leistung der DDR Anerkennung fand. Als folgenreiche Erweiterung entwickelte sich schließlich, nachdem Wolfgang Schirmer Leiter eines unserer großen Forschungsinstitute geworden war, die Theorie, die experimentelle Behandlung und schließlich Anwendung von Molekülsieben.

Hier wurden Erkenntnisse begründet, die absolut originell waren und bis zum heutigen Tage als Grundlage vielseitiger weiterer Entwicklung in Forschung und Praxis dienen. Erinnert sei hier unter anderem an die Arbeiten von Friedrich Wolf über Fragen des Umweltschutzes, verbunden mit der Nutzung von Abprodukten. Anregung und Aufgaben in diesem Bereich sind bis in die jüngste Vergangenheit wirksam geworden. Im vorigen Jahr erhielt eine Gruppe von Wissenschaftlern in Forschung und Praxis, verbunden mit Verfahrenstechnikern, geleitet von Gerhard Öhlmann und Jürgen Scheve [2] einen Nationalpreis für die Gewinnung von Vanadium aus Abprodukten und beim Einsatz als Katalysatoren in der chemischen Verfahrenstechnik. Bemerkenswert war der kurze Weg von der Grundlagenforschung bis zum erfolgreichen technischen Einsatz mit großen ökonomischen Vorteilen.

Alle Arbeiten in dieser Richtung konnten sich dabei auf die Erfolge wissenschaftlicher Arbeit stützen, die Günther Rienäcker [2] und seine Schule im Bereich der heterogenen Katalyse erzielt hatte. Er erkannte als erster, daß Trägerkatalysatoren nicht nur ein stofflich, sondern auch ein energetisch gekoppeltes Verbundsystem sind. Auf ihn geht die Erkenntnis zurück, daß der Träger eines Katalysesystems für alle Wirkungen mitverantwortlich ist. Heute erscheint dieser Zusammenhang als so selbstverständlich, daß die Erkenntnis gewissermaßen anonym geworden ist. Das ändert nichts an der Tatsache der großen geschichtlichen Leistung, die Günther Rienäcker und seine Schule auf dem Gebiet der Trägerkatalysatoren vollbracht haben und weiter vollbringen. Eine Weiterentwicklung dieser Gedankengänge führte zu der Erkenntnis, daß die Wirkung heterogener Katalysatoren, soweit sie kristallin sind, von ihren vektoriellen Eigenschaften, unter anderem der kristallgraphischen Indizierung, abhängt. Trotz vielfältiger, theoretisch und experimentell begründeter Erfahrungen wurde diese Vorstellung angegriffen, gelegentlich sogar in äußerst unqualifizierten Formen. Ich möchte an dieser Stelle ausdrücklich betonen — unter anderem gestützt auf eigene Erfahrungen über die sogenannte katalytische Korrosion —, daß diese Vorstellung absolut richtig ist. Die Arbeiten von Joachim Völter und Karla Wencke in dieser Richtung bestätigen mit ihren Erfolgen diese Auffassung [3].

Der Zusammenhang der Eigenschaften von Grenzflächen mit ihrer Umgebung beruht auf einer Wechselwirkung, bei der die Struktur des Festkörpers das Absorbat an der Grenzschicht beeinflußt, dieses aber auch rückwirkt auf die Struktur der Unterlage im atomaren Aufbau, in der stofflichen Zusammensetzung und in der Energetik. Diese Erscheinungen sind zusammengefaßt unter dem Begriff der Epitaxie und Topotaxie. Mit besonderem Erfolg wurden und werden sie bearbeitet von Lothar Kolditz. Als Ergebnis ist uns heute die Auffassung geläufig, daß in der Nachbarschaft der geometrischen Grenzfläche eine Art von Epithel existiert, bei dem Mischphasen und auch Verbindungen auftreten, die für sich allein und fern der Grenzfläche nicht existieren; sie sind aber für den Ablauf aller physikalischen und chemischen Erscheinungen an Grenzflächen entscheidend wichtig. Meiner Überzeugung nach gibt es keinen Zusammenhang in dem Arbeitsbereich der physikalisch-chemischen Grenzflächenforschung und ihrer Anwendung, der nicht irgendwie auf die Ergebnisse einer sorgfältigen theoretischen und experimentellen Erkundung der Epitaxie und Topotaxie angewiesen ist.

Das gilt im besonderen für die wissenschaftlich und technisch fundamental wichtigen Probleme der Korrosion und der Passivierung. Kurt Schwabe [4], der an der Renaissance der Elektrochemie vor rund 30 Jahren einen entscheidenden Anteil hatte, ist heute in Theorie und Praxis mit einer großen, von ihm begründeten Schule allenthalben anerkannt als der Promotor und Träger dieser Entwicklung. Richtungweisend wurden dabei die Erkenntnisse von KURT SCHWABE über die Einflüsse mechanischer Bearbeitung auf das elektrochemische Verhalten von Festkörpern gegenüber ihrer Umgebung, entweder als Flüssigkeiten oder als quasiflüssige Schichten vorliegend.

Damit ist die Frage nach dem Wesen der elementaren Vorgänge bei mechanischen Eingriffen in das Gefüge von Festkörpern gestellt. Ihrer Natur nach sind sie als Probleme der physikalisch-chemischen Grenzflächenvorgänge bestimmt. Die Oberfläche eines Festkörpers ist der Bereich, der alle energetischen und stofflichen Beziehungen zur Umwelt herstellt.

Äußere Eingriffe in eine solche Grenzfläche führen dabei zu spezifischen Erscheinungen in der Art und Fortpflanzung einer energetischen Störung im realen Diskontinuum. Sie werden erkennen, daß nun Wort und Begriff „Triboplasma" fällig geworden sind. Es ist eine Art Gewohnheit geworden, mich mit diesem Begriff gewissermaßen zu „identifizieren". Ich möchte mich dagegen wehren. Argumente für das Auftreten eines energiereichen, sehr kurzlebigen, heißen plasmatischen Zustands mit Folgerungen von Fehlordnungszuständen beim zeitlichen Ablauf und in der Umgebung des Eingriffs haben mich zur Aufstellung einer Vorstellung veranlaßt, die lediglich als synoptisches „Modell der geringsten Widersprüche" gelten darf. Es hat von Anfang an so klare experimentelle Begründungen für sich gehabt, daß es sowohl heuristisch, das heißt als Anregung zum Finden neuer Zusammenhänge, als auch zur Erklärung bereits bekannter Zusammenhänge brauchbar war. Darin liegen die Vorzüge des Modells und seine Grenzen.

Als Chemiker liegen mir Modellvorstellungen nahe. Ich erinnere an den Benzolring, an den Kohlenstoff-Tetraeder, an das Makromolekül (KEKULÉ, VAN'T, HOFF, STAUDINGER). Niemand würde auf die Idee kommen, solche Modelle als Schablonen anzusehen, die man an die stofflichen und energetischen Vorgänge einfach anzulegen braucht. Auch unter den leitenden Prinzipien solcher Modelle verlangt jeder einzelne Vorgang sorgfältige individuelle Erkundung. Die Mittel dazu müssen der Fragestellung in jedem Falle besonders angepaßt werden. Erlauben Sie mir, daß ich bei dieser Gelegenheit mich grundsätzlich dazu bekenne, daß Modellvorstellungen nur so lange ihre Berechtigung haben, als sie aus sich heraus theoretisch und vor allem experimentell zu bestehen vermögen, dabei vom Standpunkt des Chemikers immer der abschließenden Kontrolle durch Analyse und Synthese standhalten. Soweit sie diese Probe nicht bestehen, müssen sie verändert oder abgelöst werden.

Die Theorie des „Tribo-Plasma-Modells" ist für die Rand- und Folgeerscheinungen des kurzlebigen Triboplasmas nach Methoden der Ungleichgewichts-Thermodynamik leidlich erschlossen, zusammenfassend durch eine Arbeit von KARSTEN THIESSEN und KLAUS SIEBER [5].

Für das Triboplasma hat HANS-JOACHIM SPANGENBERG [6] einen plausiblen Anschluß an sehr bekannte plasmatische Vorstellungen gefunden. Versuche, im gewissermaßen aseptischen Raum, im hohen Vakuum, im Laboratorium das Triboplasma bei mechanischer Bearbeitung unmittelbar nachzuweisen, sind bisher gescheitert. Ich weise hier auf Untersuchungen aus dem Arbeitsbereich von KLAUS MEYER und EBERHARD LINKE [7] hin. Die Ursache sehe ich in Unzulänglichkeiten der bisher eingesetzten experimentellen Anordnung. Eine Stütze dieser Behauptung besteht darin, daß nach einer veröffentlichten knappen Mitteilung über einen Meteoriten-Detektor ausführlich von der Entstehung eines sehr heißen, kurzlebigen Stoßplasmas beim Durchschlagen metallischer Folien durch Mikrometeoriten als Grundparameter Gebrauch gemacht wird. Eine Nachahmung dieses Vorgangs im Laboratoriumsexperiment ist durchaus möglich. Voraussetzung dafür ist ein Gerät zur elektrostatischen Beschleunigung von Partikeln in Mikron-Dimensionen.

Es fragt sich, ob es Sinn hat, an dieses Modell soviel Arbeit zu wenden. Aus dem Verlauf zahlreicher Reaktionen, die nur möglich und verständlich sind durch das Bestehen eines solchen Plasmas, läßt es sich differential-diagnostisch begründen. Ich möchte bei dieser Gelegenheit darauf hinweisen, daß ich dabei bin, unter Benutzung annehmbarer theoretischer Vorstellungen eine Zerlegung in Funktionsgruppen durchzuführen und experimentell zu belegen. Voraussichtlich wird darüber vor Ablauf eines Jahres berichtet werden können. Erst dann wird es möglich sein, auch weitergehende kinetische Vorstellungen zu entwickeln.

Bei dieser Gelegenheit möchte ich Ihnen Ergebnisse einer Arbeit vorstellen, bei der das nunmehr nicht mehr ganz jugendliche „Tribo-Plasma-Modell" noch einmal mit Erfolg über die Hürden gejagt wurde. Vor Jahr und Tag entstand bei uns die Frage, ob und wie weit die anorganische Stickstoffbindung bei geochemischen Prozessen schon hinreichend geklärt ist. Bekannt war — in der Reihenfolge der mengenmäßigen Beiträge — die Bildung von salpetriger und Salpeter-Säure bei Gewittern, Vulkanismus und vermuteten magmatischen Vorgängen. Eine kurze Kette von Schlußfolgerungen führte zu dem Wagnis, in naiver Übernahme petromechanischer Vorgänge in das Laboratorium experimentell zu erproben, ob und wie weit solche natürlichen Abläufe anorganisch Stickstoff zu binden vermögen. Ich zeige Ihnen hier in einer flachen Flasche Basaltschotter. Er wurde gewonnen aus frisch gebrochenen, kompakten Gesteinsstücken von mehreren Kilogramm Gewicht. Nach Zerkleinerung und vielfachem und sorgfältigem Auswaschen der Bruchstücke wurden diese nachher der wechselseitigen Reibung der Gesteinsscherben ausgesetzt. Wenn der Schotter in dieser Flasche in feuchter Luft etwa 500 Stunden geschüttelt wird, können Sie aus Abrieb und Rückständen Alkali-Salpeter mit gewöhnlichen analytischen Hilfsmitteln nachweisen und mengenmäßig bestimmen. Machen Sie einen ähnlichen Versuch mit Gesteinen, die weit vom Oxydationsgleichgewicht entfernt sind (Magnetit-Basalt), und Sie können aus feuchtem Stickstoff bei geduldigem Schütteln Ammoniak erzeugen. Nach dem Ergebnis dieser Untersuchungen muß damit gerechnet werden, daß seit der Uratmosphäre gewaltige Mengen von Stickstoff petromechanisch in der Erdkruste gebunden werden. Hier hat das Tribo-Plasma dazu beigetragen, eine erdgeschichtlich unvollständig gelöste Frage auf einfache Weise weiter zu klären.[1] [8]

Die Vorgänge, die bei der Zerkleinerung, beim Zerreiben und Mahlen auftreten, sind mit erheblicher Zunahme der Grenzflächenaktivität verbunden. In einer großen Zahl von Untersuchungen, die RICHARD SCHRADER und seine Mitarbeiter über die Aktivierung von Festkörpern durch Zerkleinern durchführten, wurden außerordentlich wertvolle Ergebnisse für die chemische Verfahrenstechnik und die Bautechnik erzielt. Solche Untersuchungen wurden inzwischen in enger Verbindung mit den Erkenntnissen über das Triboplasma weitergeführt. Zu nennen sind Entwicklungen von Verfahren, welche den Aufschluß armer Phosphaterze erheblich erleichtern. Weiterhin wurde eine Arbeit von NORBERT BOCK [9] wichtig, der im Arbeitsbereich von G. HEINICKE in Verbindung mit dem VEB Mansfeld-Kombinat „Wilhelm Pieck" ein Verfahren ausarbeitete, rein tribomechanisch, in guter Ausbeute und sehr ökonomisch Nickelcarbonyl zu gewinnen. Die Arbeiten wurden mit dem Nationalpreis ausgezeichnet.

Hier möchte ich erneut und in aller Klarheit darauf hinweisen, daß für diese Arbeiten die Benutzung des „Tribo-Plasma-Modells" sehr nützlich war, aber nicht annähernd ausreichte, um die Vorgänge hinreichend zu beschreiben und zu gestalten. Das gilt noch stärker für Probleme der Reibung, Schmierung und des mechanischen Verschleißes. Hier liegt eine Fülle von Material vor, das noch systematisch gesichtet, geordnet und danach zweckbewußt technisch ausgestaltet werden muß. Eine Gruppe unter der Leitung von GERHARD KEIL zusammen mit KLAUS MEYER und KLAUS WAGNER nimmt sich dieser Probleme in Breite und Tiefe an. Wertvolle Erfahrungen unter Benutzung von Elementarvorgängen kristallphysikalischer Art, des Einsatzes von Radionukliden haben bereits zu anerkannten Ergebnissen geführt. Hinzuweisen ist hier auch besonders auf Arbeiten von HEINZ und HELGA DUNKEN über die Mechanismen des Haftens von grenzflächenaktiven Additiven, die für die Wirkung von Hochleistungs-Schmiermitteln besonders wichtig sind. Eine hervorragende technische Bedeutung hatte eine besonders geistvolle Entwicklung von Hochdruck- und Hochtemperatur-Schmiermitteln für die metallurgischen Prozesse beim Ziehen von Rohren, besonders bei komplizierten Formgebungen. ERICH THILO und HERBERT GRUNZE entwickelten hier auf Grund ihrer klassischen Arbeiten über anorganische hochpolymere Phosphate ein Verfahren, bei dem die Komponenten vor der Ziehform auf die Werkstücke aufgebracht wurden und sich erst unter dem Einfluß der Drucke und hohen Temperaturen in der eigentlichen Bearbeitungszone und nur in dieser zum wirk-

[1] Die Untersuchungen wurden durchgeführt in dem Laboratorium, das von mir persönlich betreut wird. Die kleine Arbeitsgemeinschaft P. A. THIESSEN, G. HAASE, H. ALTNAU, CH. GUTSCHE, D. FLOREK bietet diese Befunde als Erst-Mitteilung der Klasse Chemie der Akademie der Wissenschaften an zu Ehren der ersten erweiterten Tagung mit internationaler Beteiligung.

samen Schmiermittel formten. Das Verfahren fand weltweite Beachtung und Anerkennung.

In allen Bereichen, die ich hier erörtert habe, ist es unabweisbar, auf die Elementarvorgänge in ihren reinsten Formen zurückzugehen. Hier haben uns die Arbeiten aus dem Laboratorium von Heinz Bethge [10] über die Morphologie und die Störstellen-Mechanismen hervorragende Auskünfte verschafft. Das Laboratorium von Heinz Bethge hat für diese Arbeiten nahezu eine Hegemonie. Sensationelle Ergebnisse aus diesem Forschungsinstitut haben mit Recht die weitestgehende Beachtung gefunden.

Auch Untersuchungen unter möglichst einfachen und klaren Versuchsbedingungen mit möglichst wenigen Parametern über die Auslösung von Elektronen und Photonen von bearbeiteten Oberflächen aus dem Laboratorium von Klaus Meyer und Eberhard Linke [11] haben zu gänzlich neuartigen Erkenntnissen geführt. Unter diesen erinnere ich an eine Klärung der Vorgänge, die früher unter der Bezeichnung „Tribolumineszenz" liefen und nun zurückzuführen waren auf einfache Vorgänge der physikalisch-chemischen Grenzflächenmechanik. Ich möchte ausdrücklich dafür eintreten, Versuche unter quasi-aseptischen Bedingungen weiter in Breite und Tiefe zu fördern und auch meßtechnisch mit allen Möglichkeiten der Erkundung auszugestalten. Wir dürfen dabei allerdings nicht vergessen, daß die wirklichen Fälle von diesem Exerziersystem differential und integral sehr verschieden sind. Es ist unumstößlich sicher, daß die Betrachtung einer Festkörperoberfläche in einer geometrischen oder annähernd geometrischen Ebene ein Sonderfall ist, der in Wirklichkeit allenfalls im Weltenraum und in den Verfahrensweisen der Hochvakuumtechnik besteht. Jenseits dieser extremen Sonderfälle liegen in realen Systemen sehr viele andere bestimmende Parameter vor. Die Festkörperoberfläche mit ihrer Umgebung bildet einen Bereich von Übergangszuständen. In diesem beeinflußt der Festkörper das Sorbat und umgekehrt das Sorbat die Unterlage. Bei allen Untersuchungen der Erkundung dieses Bereichs mit seiner Beurteilung und seiner heuristischen Nutzung sowie zur Klärung bekannter Vorgänge müssen wir diese Vorstellung akzeptieren. Ich bekenne mich ausdrücklich zu ihr. Die theoretische Behandlung ist außerordentlich schwierig. Wir verfügen über hervorragend kluge und klare Ansätze. Sie sind bisher fast immer nur im Bereich begrenzter Parameter übersehbar.

Ich möchte zum Abschluß wagen, Ihnen als leitendes Prinzip für die Betrachtung aller Vorgänge der physikalisch-chemischen Grenzflächenmechanik ein quantenmechanisches Modell vorzuschlagen. Es entbehrt völlig der Anschaulichkeit und stützt sich im ganzen auf die grundlegenden Einsichten des von mir besonders verehrten Physikers Max Born, einem meiner Göttinger Lehrer. Ich schlage Ihnen vor, den Festkörper, die Grenzbereiche und das Absorbat als einen Verbund räumlicher Oszillatoren anzusehen. Auf diesen sind die Elektron-Phonon-Mechanismen anzuwenden. Der Festkörper ist bei dieser Vorstellung ein einigermaßen harmonischer Oszillator, der in der Nähe seiner Oberfläche an Harmonie einbüßt. Die Absorbate — Flüssigkeit, Dampf oder Gas — im ganzen für sich sind unharmonische Oszillatoren, gewinnen aber eine gewisse Harmonisierung im Feld der Festkörpergrenzfläche. Ich halte diese Vorstellung für logisch. Sie verlangt freilich sofort die Beschäftigung mit anspruchsvollen stochastischen Methoden und den mathematischen Näherungen für Mehrkörper-Probleme. Ob es uns gefällt oder nicht: Wir kommen nicht darum herum!

Erlauben Sie mir zum Schluß zu gestehen, daß meine Vorstellung zu allen Fragen, die ich hier erörtert habe, dadurch begrenzt ist, daß ich als Chemiker denke, für den die Stoffwandlungen in Analyse und Synthese immer am Anfang und am Ende aller Zielsetzungen stehen. Ich schlage Ihnen vor, die von mir angebotenen Vorstellungen produktiv kritisch zu behandeln. Persönlich schätze ich es sehr, in die Kritik einbezogen zu werden. Was Sie auch von meiner Darstellung halten mögen: Ich bitte Sie zu berücksichtigen, daß ich mich bemüht habe, das Bestmögliche zur Erfüllung meines Auftrags zu tun.

Literatur

[1] Schirmer, W.: Chem. Techn. **13** (1961) S. 637.
Schirmer, W.: „Einfluß der phys.-chem. Grundlagenforschung auf die chemische Verfahrenstechnik", Klasse für Chemie, Geologie und Biologie (1962) Berlin.

[2] Haase, K., Ch. Kain, J. Scheve, H. Müller, G. Öhlmann und U. Illgen: „Verfahren zur Herstellung von Schichtkatalysatoren", WP 110 258 v. 12. 12. 1974.
Haase, K., Ch. Kain, J. Scheve, H. Müller, G. Öhlmann und U. Illgen: „Verfahren zur Herstellung von Schichtkatalysatoren", WP 114 520 v. 12. 8. 1975 (Zusatz zu WP 110 258).
Haase, K., W. Hanke, K. Heise, U. Illgen, H.-G. Jerschkewitz, G. Öhlmann, J. Schulz und K. Wencke: „Verfahren zur Herstellung von Kontakten zur selektiven Oxydation von Kohlenwasserstoffen", WP 104 969 v. 5. 4. 1974.
Rienäcker, G.: „Über Mischkatalysatoren", Forschen und Wirken, Festschrift zur 150-Jahrfeier der Humboldt-Universität zu Berlin **2** (1960), S. 155.
Rienäcker, G.: „Über Trägerkatalysatoren", Klasse für Chemie, Geologie und Biologie (1964) Nr. 3.
Rienäcker, G., J. Völter und S. Engels: „Untersuchungen über die Katalyse an Metallen", Z. Chem. **10** (1970) S. 321—329.
Rienäcker, G.: „Über Katalyse und Katalysatoren", Z. Chem. **16** (1976) S. 218—226.

[3] Völter, J.: Z. anorg. allg. Chem. **322** (1963) S. 202 und **360** (1968) S. 300.
Wencke, K., F. Wodtcke und F. Wolf: Z. Chem. **2** (1962) S. 146.

[4] Vgl. „Ausgewählte Entwicklungsrichtungen der physikalischen Chemie — Dem Wirken Kurt Schwabes gewidmet", Sitzungsberichte der AdW der DDR (1976) 3 N.

[5] Thiessen, K., und K. Sieber: „Energetičeskie uslovia mechanochimičenich processov", Tezisy Dokladov AN SSSR okt. 1975, Tallin 1975.

[6] Spangenberg, H.-J.: „Über Analogien zwischen tribochemischen und plasmachemischen Vorgängen", Mitteilungsblatt der Chemischen Gesellschaft der DDR **22** (1975) H. 1, S. 10—15.

[7] Linke, E.: Z. angew. Phys. **29** (1970) S. 241.
Meyer, K., und M. Rossberg: Z. Chem. **11** (1971) S. 202.

[8] THIESSEN, P. A., G. HAASE, H. ALTNAU, Ch. GUTSCHE und D. FLOREK: Z. Chem. **16** (1976) S. 329.

[9] BOCK, N.: Dissertation AdW der DDR Berlin (1974).
HEINICKE, G., N. BOCK und H. ECKSTEIN: „Metallformen aus der Gasphase", wissenschaft und fortschritt **25** (1975) H. 1, S. 10—15.

[10] BETHGE, H.: „Internationales Zentrum für Elektronenmikroskopie", Spektrum **6** März 1975 S. 8—11.

[11] MEYER, K., D. OBRIKAT und M. ROSSBERG: Kristall und Technik **5** (1970) S. 5 und 181.
THIESSEN, P. A., und K. MEYER: Naturwissenschaften **57** (1970) S. 423.
LINKE, E., und K. MEYER: Surf. Sc. **20** (1970) S. 304.

Komplex I[1]

Wolfgang Schirmer

Struktur und Eigenschaften von Festkörpergrenzflächen

Zwischen zwei Phasen breitet sich stets ein Gebiet aus, das unter dem Einfluß nicht abgesättigter freier Grenzflächenkräfte steht. In diesem Gebiet ist meist eine sprunghafte Änderung physikalischer, thermodynamischer und chemischer Eigenschaften zu beobachten. Dieses Grenzgebiet ist von unterschiedlicher Ausdehnung. Betrachtet man die Verzerrung von Gitterparametern, die Wirkung von Grenzflächenladungen oder Adsorptionserscheinungen, handelt es sich um eine Ausdehnung von wenigen Atom- oder Moleküllagen; zieht man jedoch elektronische Effekte und Randschichten in Betracht und berücksichtigt zum Beispiel die durch Grenzflächen bedingte Verzerrung von Leitfähigkeitsbändern, so ist die Ausdehnung des Grenzgebietes wesentlich größer. In jedem Falle besteht eine Wechselwirkung zur Volumenphase des Festkörpers. Was man unter Grenzfläche verstehen will, hängt also sowohl von den zu berücksichtigenden Eigenschaften als auch den Meßmethoden ab. Eine schärfere Definition dieses Gebietes ist sowohl vom wissenschaftlichen als auch methodischen Standpunkt aus wünschenswert. Grundlegende Arbeiten in dieser Richtung sollten von uns gefördert werden. Grenzt der Festkörper an eine Gasphase, so spricht man im allgemeinen von Oberfläche. Oberflächenerscheinungen sind also den Grenzflächenphänomenen untergeordnet.

Die Festkörpergrenzfläche wird durch die Freie Grenzflächenenergie gekennzeichnet, die zu ihrer Bildung aufgewandt werden muß und die zum absoluten Wert der Größe der spezifischen Oberfläche in unmittelbarer Beziehung steht.

Bei einer Vielzahl von Festkörpern ist die Beweglichkeit von Teilchen in der Oberfläche klein. Das ist die Ursache dafür, daß die Oberflächen von Festkörpern, die auf Grund von Spaltvorgängen entstanden sind, meist nicht im thermodynamischen Gleichgewicht vorliegen. Deshalb besteht oft ein wesentlicher Unterschied zwischen der Freien Grenzflächenenergie und der Grenzflächenspannung. Dort, wo die Oberflächendiffusion von Teilchen erhöht ist, an Metalloberflächen zum Beispiel oder bei der Diffusion von Metallatomen auf den Oberflächen ionogener Substanzen, verlaufen die Relaxationsvorgänge, die zur Ausbildung von

[1]) Zur Diskussion sprachen: G. Schay, P. A. Thiessen, R. A. Kaishev, H. Müller, W. Schirmer, G. Keil

Gleichgewichtsstrukturen in der Grenzflächen führen können, mit hoher Geschwindigkeit. In diesen Fällen können die sich aus dem Gleichgewichtstheorem nach WULFF ergebenden Schlußfolgerungen gut beobachtet werden. Für unsere Arbeiten hat die Problematik der Bestimmung der Freien Grenzflächenenergie erhebliche Bedeutung. Noch immer ist die Ermittlung dieses Wertes mit erheblichen Unsicherheiten behaftet, wobei folgende Methoden Anwendung finden:

- Mechanische Spaltung von Kristallen,
- kalorimetrische Messungen an feinverteilten Festkörpern mit unterschiedlicher Korngröße, wobei die Empfindlichkeit der kalorimetrischen Methode hoch sein muß,
- Bestimmung der Lösungwärme oder der spezifischen Wärme von Festkörpern verschiedenen Zerteilungsgrades,
- Ermittlung der Geschwindigkeit der Löslichkeit unterschiedlich zerteilter Festkörper.

Obwohl das Problem, exakte Werte für die Freie Grenzflächenenergie von Festkörpern zu bestimmen, sehr alt ist, hat es bisher noch keine befriedigende Lösung gefunden. Mit der zunehmenden Bedeutung, die feinverteilte Stoffe, mechanisch aktivierte Festkörper und Katalysatoren in der Wirbelschicht für die Technik haben, kommt diesem Problem erhöhte wissenschaftliche Bedeutung zu. Wir sollten deshalb auch dieser Frage unsere Aufmerksamkeit widmen.

Der Korrelation zwischen mechanischer Bearbeitung und Oberflächenenergie muß aus verschiedenen praktischen und wissenschaftlichen Gründen mehr Aufmerksamkeit als bisher geschenkt werden. Aber auch der umgekehrte Prozeß: die Untersuchung der Elementarvorgänge beim Sintern und bei der Agglomeration bis hin zur Ausbildung von stationären Zuständen der Mahlung muß verstärkt gefördert werden.

In mikroporösen Adsorbentien, besonders in solchen, in denen Hohlräume von der Größenordnung der zu adsorbierenden Moleküle auftreten, verliert der Begriff der Festkörperoberfläche seine Bedeutung. Man verzichtet daher bei der Zeolithforschung auf den Begriff der Grenzfläche überhaupt und beschreibt die Vorgänge, was auch physikalisch wesentlich konsequenter ist, durch Meßdaten und thermodynamische Kriterien, die im allgemeinen nicht von der Oberfläche abhängen.

Grenzflächenstrukturen

Zunächst seien geometrisch-kristallographische Strukturparameter behandelt. Unter normalen Bedingungen sind Festkörperoberflächen mit einer Adsorptionsschicht der Verbindungen bedeckt, die die Grenzfläche umgeben (Sauerstoff, Stickstoff, Wasserdampf u. a.). Es gehören besondere Techniken dazu, um reine, nicht durch Adsorption veränderte Festkörpergrenzflächen zu erhalten.

Die Struktur von Festkörpergrenzflächen ist nur selten vollkommen und homogen. Da die Grenzflächenatome eine geringere Symmetrie als die entsprechenden Teilchen in der Volumenphase haben, treten nicht nur Verzerrungen der üblichen Gitterparameter auf, sondern auch Abweichungen von der für die Volumenphase gelten chemischen Zusammensetzung. In Grenzflächen werden zahlreiche nichtstöchiometrische Zusammensetzungen beobachtet. Festkörper mit energetisch homogenen Oberflächen, vor allem solche, die regelmäßig und ohne Strukturdefekte aufgebaut sind, gibt es verhältnismäßig wenige. Hier seien genannt: die Oberflächen der weit unterhalb —200° C verflüssigten oder verfestigten Seltenen Gase sowie der Diamant, der Graphit und die Einkristalle zahlreicher chemischer Verbindungen. In den letzten 10 Jahren ist man in zunehmendem Maße dazu übergegangen, Einkristalle sehr unterschiedlicher chemischer Verbindungen zu züchten und spezifische Kristallflächen, auch solche mit höheren Flächenindices, einer getrennten Untersuchung zuzuführen. Das gilt für die Adsorption, die heterogene Katalyse, die Oberflächendiffusion und die Ausbildung dünner Deckschichten von verschiedener Funktion. Die Bedeutung der Untersuchungen an derartig perfekt aufgebauten regelmäßigen Grenzflächenstrukturen nimmt ständig zu.

Die Untersuchung der Flächenspezifität von Einkristallen und die Herausbildung von Modellkristallen für die Untersuchung von Adsorptions- und Diffusionsvorgängen sind von grundsätzlicher wissenschaftlicher Bedeutung und bilden gleichzeitig die Grundlage für die Ableitung von Modellen für technische Prozesse. Man sollte deshalb entsprechende Untersuchungen in den Forschungsprogrammen berücksichtigen.

Wesentlich größer ist die Zahl der nicht perfekten Strukturen an Grenzflächen von Festkörpern, die sich außerdem durch energetische Heterogenität auszeichnen. Unter den Strukturdefekten befinden sich vor allem folgende:

Korngrenzen,
Ausgangspunkte für Rand- oder
Schraubenversetzungen,
Ausbildung von Fehlstellen und
Auftreten von Zwischengitterplätzen.

An nahezu allen Festkörperoberflächen finden wir Stufen und Ecken, an denen geometrische und elektronische Besonderheiten auftreten. Während Stufen vierfach koordiniert sind, können Teilchen, die an Ecken adsorbiert sind, nur dreifach koordiniert sein. Es leitet sich die Frage ab, wie in einem solchen Falle die chemische Bindung aufzufassen ist und welche Formen der Kristallfeldaufspaltung beobachtet werden. Für ein an einer Stufe adsorbiertes Teilchen liegt eine dreifache Degeneration der Energiezustände vor, für ein Teilchen an einer Ecke ist eine doppelte Degeneration zu erwarten.

Die Grenzfläche ist als Sitz anisotroper Erscheinungen des Festkörpers von grundsätzlicher Bedeutung für alle Wechselwirkungen dieses Festkörpers mit seiner Umwelt. Dazu gehören nicht nur Adsorptions- und Diffusionsvorgänge, sondern auch chemische Reaktionen, die zumindest in einer festen Phase ablaufen. Viele kinetische Effekte, die durch besondere Energiezustände der Grenzfläche hervorgerufen werden, die aktivierte Diffusion und die Kinetik von Adsorptionsvorgängen, bedürfen auch heute noch der grundsätzlichen wissenschaftlichen Klärung.

Festkörperoberflächen sind unabhängig von ihrer chemischen Zusammensetzung durch eine größere Rauhigkeit ausgezeichnet, so daß es sehr schwer ist, unmittelbaren Einblick in ihr Verhalten zu gewinnen. Selbst die von Festkörpergrenzflächen ausgehenden Anziehungskräfte, deren Existenz für so grundlegende Vorgänge wie Sorption und Katalyse von größter Bedeutung ist, lassen sich deshalb nach den bisherigen Methoden auf direktem Wege experimentell sehr schwer bestimmen. Es ist daher von wissenschaftlicher Bedeutung, Verfahren zu entwickeln, die es gestatten, eine möglichst ebene Grenzfläche zu erzeugen und damit die Wechselwirkungskräfte unmittelbar zu bestimmen.

Da die natürlichen Festkörpergrenzflächen heterogen aufgebaut sind, kommt allen Untersuchungen, diese Heterogenität durch möglichst einfache thermodynamische Ansätze zu erfassen, eine große Bedeutung zu. Gerade in den letzten Jahren haben sich die Bemühungen verstärkt, Modelle für die Adsorption an heterogen aufgebauten Festkörperoberflächen zu entwickeln. Obwohl hierbei nicht unbeträchtliche Fortschritte erzielt wurden und der Bedeckungsgrad des Festkörpers, der durch das Modell erfaßt wurde, ständig erweitert werden konnte, kann allen diesen Ansätzen nur ein empirischer Charakter zugesprochen werden, da in ihnen stets Parameter, die experimentell bestimmt werden müssen, vorkommen. Größere Verallgemeinerungsfähigkeit haben entsprechende Ansätze auf statistisch-thermodynamischer Grundlage, da sie durch die Verteilungsfunktion die Heterogenität der Grenzflächen implizit erfassen können. Die quantenchemische Beschreibung der Festkörperoberfläche, die die konsequenteste und theoretisch am besten fundierte Methode darstellt, ist noch nicht soweit entwickelt, daß sie auf komplexe Probleme angewandt werden kann. Die in der Welt zu beobachtende Aktivität, die Wechselwirkung zwischen Adsorptmolekül und Festkörperoberfläche durch quantenchemische Methoden zu berechnen, muß auch von uns verstärkt gefördert werden.

Als allgemeine Erkenntnis der wissenschaftlichen Entwicklung der letzten Jahre ist die Schlußfolgerung zu ziehen, daß Grenzflächenbereiche sich häufig in ihrer chemischen Zusammensetzung von der Volumenphase unterscheiden und dabei oft nichtstöchiometrische Zusammensetzung aufweisen. Das gilt nicht nur für die kationen- und anionenfehlgeordneten Verbindungen von meistens halbleitendem Charakter, deren wissenschaftliche und technische Bedeutung heute schon sehr groß ist, das gilt auch für Legierungen.

Bei ihrer Untersuchung wurde beobachtet, daß in der Oberfläche ein deutlicher Entmischungseffekt auftreten kann. So reicherte sich bei einer Nickel-Gold-Legierung das Gold vorwiegend in der Oberfläche an. Auch bei Nickel-Kupfer-Legierungen und vielen anderen wurden entsprechende Beobachtungen gemacht. Die theoretische Erklärung hierfür ist, daß eine Anreicherung in der Oberfläche durch die Komponente erfolgt, die die kleinere Sublimationswärme hat. Besteht jedoch die Möglichkeit, daß sich Oxide ausbilden, so kann diejenige Verbindung, die die stärkeren Oberflächenbindungen eingeht, in der Oberfläche angereichert werden. Diese Beobachtungen wurden auch nahezu quantitativ durch Berechnung bestätigt.

Das spontane Auftreten von Keimen oder Filmen neuer Phasen an der Oberfläche von Legierungen zeigt Übergänge zur Clusterbildung in Festkörpern. So konnte gezeigt werden, daß Cluster in einer fünfzähligen Symmetrie kristallisieren und dabei bestimmte Größen nicht überschreiten. Die Einbeziehung von Clustern hat nicht nur für chemische Reaktionen bestimmter Übergangsmetallverbindungen Bedeutung, sondern auch für die Untersuchung katalytischer Effekte und für die Entwicklung mechanisch hochwertiger Werkstoffe.

Ein aktuelles Wissenschaftgebiet sind gegenwärtig die durch kristallographische Schwerkräfte hervorgerufenen CS-Phasen, abgeleitet von „crystallographie shear", die Oberflächenzustände außerhalb des thermodynamischen Gleichgewichtes darstellen. Sie zeichnen sich durch eine bestimmte innere Unordnung und durch Unregelmäßigkeit in den Abstandsparametern des Gitters aus. Man beachtet sie bei zahlreichen nicht stöchiometrisch zusammengesetzten Oxiden, Sulfiden und Karbiden. CS-Phasen haben zu benachbarten Strukturen unterschiedliche Abstände. Es treten Unterschiede im atomaren Verhältnis der Elemente zueinander auf. Man spricht von adaptiven Strukturen, wenn eine Anpassung an eine veränderte Zusammensetzung in bestimmten Grenzen beobachtet wird. Die Ordnung dieser Strukturen zeichnet sich durch große Wiederholungseinheiten aus, die zu anderen ähnlichen Strukturen geringe Energieunterschiede aufweisen.

Es erhebt sich die Frage, welche Kräfte die Ordnung dieser Überstrukturen bewirken. Eine Beziehung zu den Festkörperlösungen ist gegeben. Mehrdimensionale Blockstrukturen auch in nichtstöchiometrischer Zusammensetzung wurden ebenfalls beobachtet. Entsprechende Untersuchungen bedienen sich der Röntgenbeugung, der Neutronenbeugung und der verschiedenen Ausführungsformen des Elektronenmikroskops. Das Gebiet der CS-Phasen steht in engem Zusammenhang mit dem der OD-Strukturen. Eine Abgrenzung beider Gebiete ist auf wissenschaftlicher Ebene noch nicht vorgenommen worden. Die laufenden aktuellen Untersuchungen stellen erneut die Frage: Wodurch zeichnet sich überhaupt eine Oberflächenverbindung des Festkörpers aus?

Bei der Untersuchung von Fragen der Festkörperreaktivität kommt den topochemischen Problemen als ortsgebundenen Grenzflächenreaktionen große Bedeutung zu. Durch Berücksichtigung der Grenzflächenenergie allein sind die hierbei wirkenden Kräfte nicht zu behandeln. Die Gitterenergie, die pro Baustein als Abtrennungsarbeit vom halben Kristall zu leisten ist, die Besetzung der Kanten und Ecken in heteropolaren Kristallen tragen ebenfalls zur Energiebilanz dieser Reaktionen bei. Topochemische Reaktionen verlaufen unter dem Einfluß der Struktur der Grenzfläche durch Diffusionsvorgänge und durch Wanderungen in der

Grenzfläche als Vorstufe für eine Reaktion an einem durch besondere Zusammensetzung und Struktur ausgezeichneten Zentrum. Hierbei besteht eine große Analogie zu dem Problem der Epitaxie, auf die ich in diesem Zusammenhang aber nicht näher eingehen will. Bewährt hat sich für die modellmäßige Beschreibung derartiger Vorgänge das Matrizenkonzept, das als eine periodische Kette artgleicher dynamischer Funktionseinheiten angesehen werden kann. Dieses Konzept hat wiederum nicht nur Bedeutung für epitaktische Vorgänge, sondern auch für die Behandlung von Grenzflächenreaktionen. Eine weitere Vervollständigung derartiger Konzepte kann von hohem heuristischen Wert sein.

Zum Schluß sei auf einige Diffusionsprobleme in der Festkörpergrenzfläche hingewiesen. Während bei der Ausbildung schwacher Adsorptionswechselwirkung eine hohe Oberflächenbewegung adsorbierter Molekeln vorliegt und auftretende Grenzflächenreaktionen durch die Übergangstheorie beschrieben werden können, erfolgt bei der Ausbildung starker Adsorptionswechselwirkungskräfte in verstärktem Maße Volumendiffusion. Heute sind von großer Bedeutung Untersuchungen über die Reaktionsfähigkeit nicht nur an Poren und Mikrorissen von Festkörperoberflächen, sondern auch an Korngrenzen und Versetzungen. Hierbei ist der Einfluß nichtkristallisierter Phasen zu berücksichtigen. Der Mechanismus des Stofftransportes muß in Abhängigkeit von der Struktur und dem Fehlordnungsgrad untersucht werden. Der Kristallgröße und der Ausbildung innerer Oberflächen kommt hierbei ebenso Bedeutung zu wie den Problemen der Phasenneubildung, die unter dem Aspekt der Keimbildungsvorgänge gesehen werden müssen. Schließlich sind aktuelle wissenschaftliche Fragen bei der Grenzflächendiffusion in Mehrstoffsystemen zu behandeln.

Aus der Fülle der für das vorliegende Gebiet aktuellen und charakteristischen Probleme konnte ich nur die wenigen herausgreifen, die bis zu einem gewissen Grade charakteristisch für die Forschungseinrichtungen der DDR und der mit ihr zusammenarbeitenden Partnerinstitutionen in befreundeten Ländern sind. Ich hoffe, daß wir in der Diskussion zu der Frage, in welchem Umfang neue aktuelle Gebiete bearbeitet werden sollen und in welcher Reihenfolge dies geschehen müsse, weitere wichtige Anregungen für unsere künftige Arbeit bekommen werden.

Wolfgang Schirmer

Stellungnahme zur Diskussion

Ich gestehe ganz offen, daß wir uns bei der Vorbereitung der heutigen Klassensitzung, an der hervorragende Wissenschaftler aus fünf sozialistischen Ländern teilnehmen, was bisher in unserer Klasse noch nie der Fall war, des Risikos unseres Unternehmens voll bewußt waren. Wird es uns gelingen, unser Anliegen deutlich zu machen, daß wir weder eine Vortragstagung konventionellen Stils noch eine Berichterstattung, sondern eine lebhafte Diskussion eines verhältnismäßig breiten Gebietes der physikalischen Chemie durchzuführen beabsichtigen, die man selbstverständlich von unterschiedlichen Standpunkten aus führen kann? Die Gefahr, daß die Grenzflächen gewissermaßen in der Breite und Komplexivität der Probleme verschwinden, war ja nicht von der Hand zu weisen. Um so stärker freut es mich, feststellen zu können, daß die heutige Vormittagsdiskussion nicht unseren Befürchtungen, sondern unserem Optimismus Recht gegeben hat. Obwohl hier vom Standpunkt der Erfahrungen der einzelnen Wissenschaftler aus zur Diskussion gesprochen wurde, kann ich doch feststellen, daß sich drei große Probleme wie ein roter Faden durch die Diskussion ziehen:

1. Die Behandlung idealer Oberflächen kann nicht mehr im Vordergrund des wissenschaftlichen Interesses stehen. Uns beschäftigt heute der reale Festkörper mit der vielseitig ausgeprägten Heterogenität der Grenzflächen. Das kommt sowohl im Verhalten gegenüber den angrenzenden Phasen als auch in der Ausbildung von Grenzflächenstrukturen, beim Kristallwachstum und bei der Anwendung auf praxisnahe Probleme wie zum Beispiel in der Korrosion zum Ausdruck.

Das Spektrum der Forschungsprobleme, die mit realen Grenzflächen verbunden sind, hat sich wesentlich verbreitet. Beispiel hierfür ist die Diskussion der CS-Phasen auch im Hinblck auf die sehr verwandten OD-Strukturen.

Wir stehen heute vor der Aufgabe, noch einmal die traditionellen Definitionen grundlegender chemischer Begriffe zu überdenken. Was verstehen wir im Hinblick auf die CS-Phasen unter stöchiometrischen Verbindungen? Wie weit hat die Stöchiometrie für die Ausbildung des realen Festkörpers überhaupt eine allgemeine Bedeutung? Welche Änderungen sind im Hinblick auf das Auftreten von Clustern, von ungewöhnlichen Koordinationszahlen bestimmter Metallionen oder von flächenspezifischen Erscheinungen von Einfluß auf eine bessere Definition unserer Vorstellungen über die chemische Bindung?

2. Die Diskussion ergab bereits die wichtige Erkenntnis, daß zwischen dem Forschungsproblem und der einzusetzenden Untersuchungsmethode eine enge Korrelation besteht. Je leistungsfähiger die Methode, um so wirkungsvoller kann das Problem bearbeitet und vertieft werden. Methodischer und problemorientierter Fortschritt ergänzen sich gegenseitig und tragen so zur wissenschaftlichen Entwicklung bei.

3. Schließlich wurde der Wert der Modelle herausgearbeitet, die wir uns für viele Grenzflächenvorgänge schaffen. Modelle sind bei einem komplexen Forschungsgegenstand wie den Festkörpergrenzflächen deshalb von so großem Wert, weil sie einige charakteristische Eigenschaften der Systeme herausgreifen und diese in Beziehungen zueinander setzen, die verallgemeinert werden können. Natürlich haben alle Modelle zeitweisen Charakter. Man bedarf sie nicht als absolut gültige Erkenntnisse betrachten und sollte stets an ihrer weiteren Vervollkommnung arbeiten. Es wäre auch falsch, die an Modellen gewonnenen Erkenntnisse einseitig auf die Interpretation experimenteller Ergebnisse anzuwenden. Es ist von großer Bedeutung, daß wir uns stets des heuristischen Charakters der Modelle bewußt sind.

Komplex II[1]

Heinrich Kriegsmann

Zur Charakterisierung von Grenzflächen

Mit der Erkenntnis über die Bedeutung der Grenzflächenerscheinungen sind in den letzten Jahren eine ganze Reihe bekannter Analysenmethoden an die spezielle Problematik der Grenzflächenanalytik angepaßt bzw. neue Methoden besonders für diesen Zweck entwickelt worden. Analytischen Grenzflächenuntersuchungen sind in der Regel einige Dinge gemeinsam:

Die Präparationstechnik muß der Problemstellung angepaßt sein, d. h. es müssen bevorzugt Grenzflächenbezirke erfaßt werden. Das bedeutet meist einen relativ hohen Aufwand an Präparationstechnik. Da es sich bei der Grenzflächenanalytik meist um die Erfassung geringer Konzentrationen handelt, werden die eingesetzten Geräte in den meisten Fällen an den Grenzen ihrer Leistungsfähigkeit gefahren, was wiederum oft zu relativ langen Meßzeiten führt. Im Vergleich zu anderen analytischen Untersuchungen ist also der Aufwand an Arbeits- und Meßzeit relativ groß. Bei der Auswertung der Meßergebnisse kommt es außerdem in vielen Fällen darauf an, Signale, die aus der Grenzfläche stammen, von solchen der Volumenphase zu trennen.

Die Grenzflächenanalytik läßt sich heute in folgende Problemkreise einteilen.

1. Morphologie und Topographie der Festkörperoberfläche,
2. Elementare Zusammensetzung der Festkörperoberfläche einschließlich Verteilung,
3. Struktur (Einschließlich Bindung, Energiezustand) der grenzflächennahen Schichten des Adsorbens,
4. Struktur adsorbierter Moleküle, Unterschiede zum „freien Molekül",
5. Moleküldynamik adsorbierter Moleküle,
6. Kinetik in der Grenzschicht.

Im folgenden sind eine Anzahl für die einzelnen Problemkreise eingesetzten Analysenmethoden genannt:

1. Morphologie und Topographie der Festkörperoberfläche:

Alle Methoden der Elektronenmikroskopie,

[1]) Zur Diskussion sprachen: G. Öhlmann, G. Schay, K. Meyer, P. A. Tiessen, F. Wolf, A. A. Vlček, W. Schirmer, J. Haber, R. Petzold, E. Wolfram, B. Jezowska-Trzebiatowska, H. Kriegsmann, G. Keil

(LEED = low energy electron diffraction),
(RHEED = reflected high energy electron diffraction),
Radio-Tracer.

2. Elementare Zusammensetzung der Festkörperoberfläche:
Sekundär-Ionen-Massenspektroskopie (SIMS), Ionen-Mikro-Massen-Analyse (IMMA), Rutherford Back Scattering, Ionen-Streu-Spektrometrie, Photoelektronenspektroskopie (ESCA), Auger-Spektroskopie, Elektronenstrahlmikroanalyse (ESMA), Elektronenspinresonanzspektroskopie (ESR), Lasermikroemissionsspektral-Analyse, Radio-Tracer, chemische Methoden.
3. Struktur der grenzflächennahen Schichten des Adsorbens:
Photoelektronenspektroskopie, Augenspektroskopie, LEED, RHEED, Feld-Ionen-Mikroskopie, Feld-Emissions-Mikroskopie, Elektronenstrahldesorption (ESD), Desorptimetrie, Infrarot-, Raman-, Ultraviolett-Spektroskopie, Lichtstreuung, ESR-, Kernresonanzspektroskopie (NMR), Mößbauerspekroskopie, Röntgenkristallstrukturanalyse, magnetische Methoden.
4. Struktur adsorbierter Moleküle:
Photoelektronenspektroskopie, IR-, Raman-, ESR-, NMR-Spektroskopie, (ESD), (LEED), elektrochemische Methoden, chromatographische Methoden, Kalorimetrie, Sorptometrie.
5. Moleküldynamik adsorbierter Moleküle:
IR-, Raman-, NMR-, ESR-Spektroskopie, DK-Metrie, (elektrochemische Methoden).
6. Kinetik in der Grenzschicht:
Elektrochemische Methoden, Radiochemische Methoden, chromatographische Methoden, Sorptometrie.

Jede dieser Methoden hat ihre spezielle Aussagekraft für den angegebenen Problemkreis. Sie unterscheiden sich beispielsweise in der Eindringtiefe in die Probe, in der lateralen Auflösung, in der Empfindlichkeit für verschiedene Elemente, im Einfluß des Matrix-Effektes, in der Möglichkeit und Genauigkeit zur quantitativen Auswertung.

Einige Methoden wie z. B. Photoelektronenspektroskopie, Auger-Spektroskopie oder Sekundärionenmassenspektroskopie sind von Natur aus zur Oberflächenuntersuchung geeignet; für andere, an sich für Volumenuntersuchungen entwickelte Methoden, wie z. B. die Infrarotspektroskopie wurden spezielle Meßtechniken zur Grenzflächencharakterisierung erarbeitet.

Die Kunst des Analytikers ist die richtige Methodenwahl für die jeweilige Problemstellung. Dabei wird für die Lösung vieler Probleme die Kombination der Aussage verschiedener Methoden unumgänglich sein. Dabei muß darauf geachtet werden, daß durch die für die einzelnen Methoden z. T. unterschiedliche Probenpräparation bzw. -behandlung während des Meßvorganges keine nicht kalkulierten Veränderungen auftreten. Anderenfalls führen die Untersuchungen sonst leicht zu widersprüchlichen Ergebnissen.

In diesem Zusammenhang muß auch der Frage Beachtung geschenkt werden, inwieweit die z. B. im Hochvakuum präparierte Probe überhaupt noch charakteristisch für den untersuchten Vorgang ist.

Die meisten der o. g. Methoden sind geräteseitig sehr aufwendig und erfordern zu ihrer vollen Beherrschung in Bedienung und kritischer Auswertung der Ergebnisse Spezialisten. Es ist deshalb vorteilhaft, methodenorientierte Zentren zu schaffen, die mit mehreren problemorientierten Gruppen zusammenarbeiten.

Große Bedeutung kommt dabei Versuchsanordnungen zu, die sich relativ schnell und leicht in die Probenräume der Meßgeräte einsetzen lassen. Dazu ist es erforderlich, daß in unmittelbarer Nähe der Analysengeräte genügend Raum für präparationstechnische Arbeiten zur Verfügung steht.

Komplex III

Klaus Meyer

Anwendung grenzflächenchemischer Erkenntnisse in der Technik

Die Anwendung grenzflächenchemischer Erkenntnisse in der Technik im allgemeinen und in der chemischen Technik im besonderen ist außerordentlich vielfältig. Das breite Anwendungsspektrum grenzflächenchemischer Erkenntnisse betrifft sowohl die Führung von Prozessen, z. B. die Optimierung von Beschichtungsprozessen als auch Probleme der Stoffwandlung, wie z. B. heterogen-katalytische Umsetzungen oder etwa die Trennung von n-Paraffinen auf adsorptiver Grundlage.

Wenn wir als das Einigende der Klassensitzung die Festkörperoberfläche ansehen mit ihren strukturellen und energetischen Besonderheiten gegenüber der Volumenphase, die auf dem Abbruch der dreidimensionalen Periodizität der den Festkörper aufbauenden Teilchen, d. h. der Ionen, Atome oder Moleküle beruhen und die daraus resultierenden veränderten thermodynamischen und kinetischen Eigenschaften von Festkörpergrenzflächen, dann spielen hinsichtlich der Anwendung die verschiedensten Phasengrenzen gleichermaßen eine wichtige Rolle; seien es fest-Gas, fest-flüssig oder fest-fest-Grenzflächen. Darüberhinaus spielen in der Technik die Anwendungen von Mehrphasensystemen eine Rolle, wie z. B. das Dreiphasensystem fest-flüssig-Gas für Probleme der Flotation.

Auch hierbei wirkt sich unsere nicht genügende Kenntnis über die Natur der Grenzflächen ungünstig aus, insbesondere wie sie sich unter dem Einfluß einer zweiten Phase verändern.

Betrachten wir die strukturellen Änderungen, d. h. die veränderten Koordinationsbedingungen, so genügt es im allgemeinen, nur die obersten Schichten in Betracht zu ziehen. Auf diese Weise kann man das Auftreten von Rekonstruktionsstrukturen verstehen. Betrachten wir die Veränderung der Elektronendichte als Funktion der Ortskoordinaten senkrecht zur Oberfläche, so müssen wir eine tiefere Wechselwirkungsschicht annehmen. Betrachten wir schließlich die Oberfläche unter dynamischen Beanspruchungsbedingungen, z. B. wie sie den Prozessen von Reibung und Schmierung zugrunde liegt, so sind hierfür Eigenschaften verantwortlich, die in einer wesentlich tieferen Grenzschicht ihren Sitz haben.

Schließlich verkomplizieren sich die Grenzflächenerscheinungen beim Übergang zu mehreren Komponenten innerhalb der festen Phase, bei denen wir mit Abweichungen (Anreicherung oder Verarmung) der einen oder anderen Komponente in der Grenzschicht zu rechnen haben.

Der heutige Stand der Anwendung von Erkenntnissen in der Technik ist dadurch gekennzeichnet, daß die Anwendungen auf bestimmten Strukturen bzw. Eigenschaften von Festkörperoberflächen beruhen. Es gibt zwar quantenchemische Ansätze zur Berechnung der Wechselwirkungskräfte zwischen den Bausteinen der Festkörperoberflächen (Adsorbens) und den Gasmolekülen (dem Adsorptiv). Diese Zusammenhänge behandelt Prof. H. MÜLLER im 4. Komplex.

Diese Ansätze ermöglichen das Verständnis von Reaktionen an der Festkörperoberfläche und mit der Festkörperoberfläche. Aus dem Wechselspiel der Kräfte zwischen den Adsorbensatomen untereinander und zwischen den Adsorbens- und den Adsorptivteilchen lassen sich Aussagen über Wahrscheinlichkeiten für einen bestimmten Reaktionsablauf machen. Diese quantenchemischen Rechnungen gelten allerdings nur für sehr einfache Systeme. Die in der Technik interessierenden Stoffsysteme sind im allgemeinen wesentlich komplizierter, so daß man den Bogen nicht spannen kann von der Berechnung der atomaren Prozesse in der Grenzfläche bis hin zur theoretischen Behandlung der Prozesse, die unter realen technischen Bedingungen ablaufen. Sie beruhen vielmehr fast ausschließlich auf bestimmten Struktur-Eigenschafts-Beziehungen von Grenzflächen.

Aus der Vielfalt der Anwendungsmöglichkeiten grenzflächenchemischer Erkenntnisse in der Technik möchte ich daher nur einen kleinen Ausschnitt erwähnen, der als Diskussionsgrundlage für die Beratung aufzufassen ist.

Adsorptive Stofftrennprozesse

Herkömmliche Stofftrennverfahren, wie Rektifikationsverfahren, besitzen gewisse grundsätzliche Mängel, nämlich hohen Energieaufwand und z. T. geringe Trennschärfe des Endproduktes. In den letzten beiden Jahrzehnten haben neue und leistungsfähige Stofftrennverfahren an Bedeutung gewonnen, die sich durch hohe Selektivität, geringeren Energieaufwand und niedrige Zahl von Trennstufen auszeichnen und die auf der selektiven Adsorption an Festkörperoberflächen beruhen.

Zu ihnen gehört u. a. die Selektivadsorption an Molsieben, die selektive Stofftrennung durch Membranen, die auf dem Wirkprinzip der Permeation, der Hyperfiltration und der Elektrodialyse beruhen.

Besonders erwähnt werden soll in diesem Zusammenhang die selektive Stofftrennung an Molsieben, bei der durch Nutzung der Erkenntnisse über den strukturellen Aufbau der Substanzklasse der Zeolithe mit ihrer großen Variationsbreite im Aufbau und ihrer variablen Kationzusammensetzung und durch Ausnutzung der energetischen Wechselwirkungsprozesse zwischen Adsorptiv und modifizierter Festkörperoberfläche die Stofftrennung mit hoher Effektivität und Selektivität an unterschiedlichsten Stoffsystemen erreicht wurde.

Dabei hat man bestimmte Eigenschaften heterogener Festkörperoberflächen gezielt ausgenutzt, z. B. daß die Adsorption an heterogenen Festkörperoberflächen proportional der Polarisierbarkeit der adsorbierten Moleküle ist.

Durch die Möglichkeit der technischen Abtrennung von n-Paraffinen aus Erdölfraktionen ist dieses Verfahren zu einem bedeutenden petrolchemischen Prozeß entwickelt worden, der in der DDR unter dem Namen PAREX-Verfahren bekannt ist.

Die Selektivadsorption an Molsieben gewinnt zunehmend an Bedeutung, z. B. zum Trocknen von Gasgemischen, Entfernung von H_2S und SO_2 aus Gasen, Rückgewinnung von Lösungsmitteldämpfen und Entfernung von Schadstoffen aus der Umwelt. Obwohl die Zeolithe heute breits eine breite Anwendung für verschiedene Stoffsysteme finden, kommt es darauf an, diese interessante Klasse von Adsorbentien zu erweitern und andere Adsorbentien zu entwickeln, z. B. auf Kohlenstoffbasis.

Reibungs-, Schmierungs- und Verschleißprozesse (RSV)

Grenzflächenprozesse spielen auch auf dem Gebiet RSV eine bedeutsame Rolle. Die vielfältigen in der Technik ablaufenden Bewegungsvorgänge, wie sie sich im System Kolben-Zylinder, Lager-Welle oder in Getrieben abspielen, erfordern spezielle Additive, die als schmierwirksame Komponenten dem Grundöl zugesetzt werden, z. B. in Form von EP-, DD-Additiven oder Korrosionsinhibitoren. Sie haben speziell die Aufgabe, u. a. durch selektive Wechselwirkung und Reaktion mit den Festkörperoberflächen das Verschweißen der Metalle zu verhindern. Obwohl die Wirksamkeit der Additive bekannt ist und in der Technik umfassend genutzt wird, ist der eigentliche Mechanismus der Grenzschichtbildung noch weitgehend unbekannt; ebenso die funktionelle Abhängigkeit der einzelnen Zusatzkomponenten. Neue Methoden, wie die Elektronenstrahlmikrosonde oder die ESCA-Methode sowie andere oberflächenchemische Analysenverfahren haben in den letzten Jahren wesentlich dazu beigetragen, die Prozesse der Schichtbildung einer Klärung näher zu bringen, und damit auch zum Verständnis der Wirkungsweise von Additiven beigetragen.

Beschichtungsprozesse

Diese spielen heute eine außerordentlich wichtige Rolle z. B. in der optischen Industrie bei der Beschichtung von optischen Gläsern mit Metallen, Polymerfilmen, Oxiden oder Flouriden. Die Gebrauchswerteigenschaften, seien es nun reflexmindernde Schichten oder Schutzschichten bzw. Schichten, die für die Herstellung von Bauelementen von Bedeutung sind (z. B. Skalen), hängen wesentlich von der Haftfestigkeit der Schichten, ihrer Temperaturwechselbeständigkeit und anderen Grenzflächeneigenschaften ab.

Durch geeignete Modifizierung kann man die Grenzflächeneigenschaften in gewisser Breite verändern. Dazu bieten sich chemische und physikalisch-chemische Verfahren, wie z. B. die Endgruppenmodifizierung von oxidischen Festkörpern oder plasmachemischen Verfahren an. Auf diese Weise kann der Hydrophobiecharakter der Oberfläche gezielt verändert werden, die Reaktivität erhöht und die Verträglichkeit des Trägermaterials mit der Beschichtungskomponente verbessert werden.

Verbundwerkstoffe

Verbundwerkstoffe der verschiedensten Materialkombinationen anorganisch-organisch, anorganisch-anorganisch oder organisch-anorganisch besitzen heute in der Werkstoffwissenschaft und in der Praxis zunehmende Bedeutung, z. T. deshalb, weil die Verbunde bessere Eigenschaften besitzen als die unverstärkte Matrix, z. T. deshalb, weil man teure Materialien durch billigere, z. T. einheimische Materialien ersetzen kann. Die wissenschaftlichen Grundlagen dieses Gebietes, insbesondere bei den Polymerverbunden, sind zwar bisher ungenügend erforscht; die Verbunde selbst spielen aber eine große Rolle.

Die Eigenschaften der Verbunde sind in hohem Maße durch die Grenzflächeneigenschaften bestimmt, insbesondere bei den Verbunden mit makroskopischen Phasengrenzen, z. B. glasfaserverstärkten Kunststoffen. Hier kommt es darauf an, unterschiedliche Komponenten miteinander durch hohe Wechselwirkungskräfte zu verbinden, was im allgemeinen über die Modifizierung der Oberflächeneigenschaften geschieht.

Moderne analytische Verfahren haben in den letzten Jahren dazu beigetragen, die Natur der Grenzfläche hinsichtlich der auftretenden Bindungskräfte zu charakterisieren. (s. den Diskussionsbeitrag von Dr. KUNATH).

Festkörperreaktionen

Festkörperreaktionen im westesten Sinne, definiert als Reaktionen, an denen mindestens eine feste Phase beteiligt ist, werden in hohem Maße beeinflußt durch den Zustand der Festkörperoberfläche. Jede Festkörperreaktion ist aus mehreren Elementarprozessen zusammengesetzt.

1. Difussion einer oder mehrerer Komponenten zur Phasengrenzfläche, z. B. durch Oberflächen- oder Volumendiffusion
2. Bildung der neuen Phase
3. Wachstum der neuen Phase.

Die Form der Geschwindigkeitsgleichung hängt in erster Linie von der Festlegung des geschwindigkeitsbestimmenden Schrittes ab, der bestimmt sein kann durch die Diffusion durch die Produktschicht, die Phasengrenzreaktion oder durch das Keimwachstum.

In den letzten Jahren wurden verschiedene Möglichkeiten aufgezeigt, durch Beeinflussung des Oberflächenzustandes, der Teilchengrösse und Teilchenform der Ausgangskomponenten und durch andere spezielle Vorbehandlungsmethoden auf den Reaktionsablauf Einfluß zu nehmen, z. B. durch Modifizierung der Ausgangssubstanzen, durch gemeinsame Aktivierung oder Fällung der Ausgangskomponenten, z. B. Herstellung von neuartigen Baustoffen (Silicatcit), Veränderungen des Dispersitätsgrades und durch gezielte Beeinflussung des Ordnungszustandes.

Gerade die mechanische Aktivierung wurde dafür eingesetzt, um die bei Festkörperreaktionen auftretenden kinetischen Hemmungen zu überwinden.

Die Beispiele der Anwendung oberflächenchemischer Erkenntnisse in anderen Zweigen ließen sich beliebig fortsetzen, z. B. in der heterogenen Katalyse, in der Flotationsforschung oder bei den vielschichtigen Problemen der Stabilisierung disperser Systeme.

Erwin Wolfram

Bedeutung von Benetzungsvorgängen in der Grundlagenforschung und der Anwendungstechnik

Unter dem Sammelbegriff Benetzung faßt man sämtliche Erscheinungen und Vorgänge zusammen, die zur spontanen Bildung einer Grenzfläche fest/flüssig führen. Es handelt sich also um die Adhäsion zwischen einer flüssigen und einer festen Phase infolge von Wirksamwerden zwischenmolekularer Wechselwirkungskräfte in genügend kleinen Abständen.

Phänomenologisch offenbart sich die Wechselwirkung einmal im Spreiten von Flüssigkeiten auf Festkörperoberflächen und zum anderen darin, daß bei der Berührung der Phasen Wärme frei wird. Diese Wärmemenge ist ziemlich gering, so daß zur Messung empfindliche Kalorimeter notwendig sind, auch dann, wenn die spezifische Oberfläche des Festkörpers groß genug ist.

Je nach Größe der freien Grenzflächenenergie unterscheidet man Festkörper hoher und niedriger Oberflächenenergie. Zur ersten Gruppe gehören z. B. Metalle, Metalloxide und — oxidhydhydrate, Silikate usw., zur zweiten organische Festkörper meistens mit Molekülgitter, wie Paraffin und die Mehrzahl makromolekularer Substanzen. In erster Annäherung entspricht diese Klassifizierung der praktischen Einteilung in hydrophile und hydrophobe Oberflächen, was aber keinesfalls exakt ist und lediglich als erste Orientierung dienen kann.

Wie bei allen Erscheinungen an Festkörpergrenzflächen bereitet auch bei der Benetzung die größte Schwierigkeit die Tatsache, daß energetisch und geometrisch einheitliche Oberflächen nicht existieren und daß die Grenzflächen in allen realen Fällen mit einer Adsorptionsschicht bedeckt sind. Deshalb lassen sich die Benetzungserscheinungen weder methodisch, noch für eine exakte theoretische Interpretation nicht von der Adsorption aus den angrenzenden Phasen trennen. Viele Tatsachen sprechen jedoch dafür, daß im Falle von Oberflächen niedriger Energie die Adsorptionsschicht nicht einmal monomolekular ist und ihre Wirkung auf die Bildung der sog. Kontaktfiguration, das heißt auf die Größe des Kontaktwinkels in erster Annäherung vernachlässigt werden kann. Diese Vernachlässigung ist natürlich prinzipiell unrichtig bei der Immersionsbenetzung, wobei gerade die Unterschiede zwischen den totalen und residuellen Immersionswärmen ermöglichen, die Grenzfläche energetisch zu charakterisieren.

Um Benetzungsvorgänge unter einem einheitlichen theoretischen Gesichtspunkt quantitativ beschreiben zu können, müßten sehr genaue Messungen sowohl im

Falle einer Kontaktkonfiguration, wie auch unter Immersionsbedingungen (d. h. Filmkonfiguration) für ein und dasselbe System durchgeführt werden. Das ist aber experimentell außerordentlich schwierig und meines Wissens noch nicht getan worden, da zur kalorimetrischen Messung ein dermaßen hoher Zerkleinerungsgrad notwendig ist, daß es nicht gesichert ist, die gleiche Grenzfläche zu messen, die bei der Kontaktmessung in zusammenhängender Form vorliegt. Das ist auch die Erklärung dafür, daß die heutigen Forschungen diesen beiden Spurlinien folgen, Versuche zur einheitlichen thermodynamischen Behandlung sehr selten sind, und eine experimentelle Untermauerung entbehren.

Früher wurde öfters Kritik geübt gegenüber Kontaktwinkelmessungen wegen ihrer scheinbar schlechten Reproduzierbarkeit. Tatsächlich sind ältere Arbeiten mit Unsicherheiten behaftet, die aber heute schon weitgehend eliminiert werden können. Heute verfügen wir über eine ganze Menge zuverlässiger Meßdaten, die es ermöglichen, verschiedene Anteile der zwischenmolekularen Wechselwirkungen an der Grenzfläche fest/flüssig oder an der Dreiphasenkante fest/flüssig/Gas zu berechnen. Dies ist vor allem den Arbeiten von Zisman, Good und Fowkes, sowie Derjaguin und Mitarbeitern zu danken. Wir sind gegenwärtig bereits in der Lage, die freie Grenzflächenenergie von niedrigenergetischen Festkörpergrenzflächen in sehr guter Annäherung aus Benetzungsdaten zu berechnen, und ihre Änderung infolge äußerer Einflüsse, wie insbesondere der Adsorption gelöster Substanzen zu folgen. Die Kenntnis der Konzentrationsisothermen der Benetzung ist auch für praktische Zwecke, vor allem zur bewußten Modifizierung fester Grenzflächen wichtig. Als Beispiele möchte ich hier nennen die Hydrophobisierung stark polarer Oberflächen, wie Pigmente in der Farbenindustrie, Faserstoffe in der Textilindustrie, Gesteine im Straßenbau usw. Dazu gehört auch das ganze Gebiet der Flotation, sowie in weiterem Sinne die Grenzflächenschmierung, die Anwendung von Haftvermittlern in der Herstellung von Verbundsystemen in der Kunststoffindustrie, in der Baustoffindustrie usw.

Ein sehr wichtiger Fall der Benetzung liegt dann vor, wenn die mit einer gegebenen Flüssigkeit zu benetzende Grenzfläche bereits im Anfangszustand mit einer anderen Flüssigkeit in Berührung steht, und die beiden flüssigen Phasen miteinander unmischbar sind. Dann handelt es sich um die Verdrängung der ersteren Flüssigkeit durch die andere, und diesen Vorgang nennt man Umnetzung. Wenn man bedenkt, daß eine reale Oberfläche hoher Energie praktisch immer mit einem Film bedeckt ist, dann ist es klar, daß auch bei gewöhnlichen Benetzungsvorgängen oft eine Umnetzung vor sich geht. Solche Verdrängungsprozesse habben auch sehr große praktische Bedeutung, z. B. bei der Gewinnung von Erdöl aus sekundären oder tertiären Lagerstätten, in denen das Erdöl vom Kapillarsystem der Gesteine durch eine wäßrige Phase, meist durch eine Polymer- oder Tensidlösung verdrängt wird. Die in den Poren vorliegende Menge ist nicht selten mehr als die Hälfte der Gesamtmenge des Vorkommens, so daß der Gewinnung größte Bedeutung zukommt.

Damit in Zusammenhang ist es darauf hinzuweisen, daß in vielen praktisch wichtigen Fällen die eigentliche Benetzung, d. h. das Wirksamwerden von zwischenmolekularen Wechselwirkungen an einer Grenzfläche fest/flüssig nur ein Teilschritt eines komplexen Phänomens ist und daß Nebenprozesse, wie z. B. das Eindringen einer Flüssigkeit in ein Porensystem eine sehr große Rolle vor allem in der Kinetik des gesamten Geschehens spielen kann. Deshalb sind Ergebnisse, die an glatten Oberflächen oder durch Einsetzen sehr einfacher Modellsysteme gewonnen wurden, nicht ohne weiteres auf reale Systeme zu übertragen.

Es ist auch einleuchtend, daß für anwendungstechnische Zwecke die Ergebnisse der eigentlichen Benetzungsforschungen durch Forschungsergebnisse der Hydrodynamik und oft der Stoff- und Wärmetransport zu ergänzen sind. Wir sind noch weit entfernt davon, theoretische Verallgemeinerungen zu machen. Doch liegen bereits Anhaltspunkte vor, in diese Richtung nicht ohne Hoffnung weitergehen zu können.

Einen Spezialfall der Kontaktbenetzung stellt die Bildung von sog. Flüssigkeitsbrücken zwischen zwei Festkörperoberflächen in einem fluiden Medium dar, wobei letzteres sowohl eine Dampf- oder Gasphase, wie auch eine zweite mit der Brücke unmischbare Flüssigkeit sein kann. Durch Bildung von Flüssigkeitsbrücken kommt eigentlich eine Adhäsion fest/fest infolge von Kapillar- und Grenzflächenkräften zustande. Ich möchte darauf hinweisen, daß Ergebnisse solcher Forschungen, die in den letzten Jahren durchgeführt werden, zur Aufklärung der physikalischen Grundlagen von so wichtigen Verfahren, wie Trocknen nasser Pulver, Lithographie usw. beitragen können. Die ersten orientierenden Schritte in diese Richtung wurden vor etwa 15 Jahren an der TU Dresden getan. Seitdem wurde die zielgerichtete Forschung in mehreren Gruppen weitergeführt durch Einbeziehen Komputerrechnungen, die notwendig sind um die Ausdehnung der auftretenden Kapillarflächen numerisch berechnen zu können, da die diesbezügliche Differentialgleichung in geschlossener Form bekanntlich nicht lösbar ist. Es ist gelungen, die theoretischen Kriterien sowohl der Bildung wie der Zerstörung der Brücken, die Kinetik und den Mechanismus des gesamten Umhaftungsprozesses in großen Zügen aufzuklären, und dies auch für die vorher noch nie untersuchten Zweiflüssigkeitssysteme.

Das ganze Forschungsgebiet der Benetzungserscheinungen ist in starkem Maße durch jenes Konzept befruchtet, das von Derjaguin herrührt, und das sich auf das spezifische Verhalten dünner benetzender Filme, aber auch freier Flüssigkeitsfilme bezieht. Das Auftreten des sog. Spaltdruckes (in engl. Literatur: disjoining pressure) verlangt eine Umwertung bisheriger Vorstellungen. Bekanntlich hat die Berücksichtigung dieses Konzepts auch zur Lösung der zentralen Frage der allgemeinen Kolloidwissenschaft, nämlich der Stabilität disperser Systeme, beigetragen, wobei zu bemerken ist, daß die DLVO-Theorie wesentlicher Ergänzungen und Verfeinerungen bedarf gerade für die praktisch wichtigen Fälle, in denen die Stabilisierung vor allem durch strukturierte Adsorptionsschichten aus Makromolekeln und amphipathischen Molekeln anstelle von oder neben elektrischer Attraktion und Repulsion zustande kommt.

Neuerdings haben auf sehr saubere experimentelle Arbeiten basierende eingehende theoretische Überlegungen bezüglich der bei der Bewegung von Flüssigkeiten auf festen Oberflächen beobachteten Anomalien dazu geführt, daß es in Frage gestellt wurde, ob an der Grenzfläche fest/flüssig bei der Bewegung tatsächlich eine adherierende Schicht haften bleibt, wie heute allgemein angenommen wird. Diese grundlegende Frage wurde durch ein sehr einfaches Experiment bezüglich des Abrollens von Tropfen aufgeworfen, wobei bekanntlich die Randlinie zur Oberfläche sozusagen angeklebt bleibt, anstelle bei dem geringsten Neigungswinkel frei abzufließen.

Benetzungsuntersuchungen liefern wertvolle Informationen über Heterogenitäten aller Art von festen Grenzflächen, von mikroskopischen über submikroskopischen bis zu molekularen, d. h. chemischen Inhomogenitäten. So kann man z. B. durch sorgfältige Bestimmung der residuellen Immersionswärmen bei stufenweiser Bedeckung der Grenzfläche aus der Dampfphase die Festkörpergrenzfläche energetisch soz. abtasten. Es liegt heute bereits eine Reihe diesbezüglicher Meßergebnisse vor. Diese Daten ergänzen die spektroskopischen Ergebnisse und ermöglichen, die freie Grenzflächenenergie wenigstens als Durchschnittwert über eine makroskopisch ausgedehnte Grenzfläche zu berechnen.

Trotz bedeutender Fortschritte, die auf dem Gebiet in den letzten Jahren erzielt wurden, ist noch vieles ungeklärt. Das ist zum Teil auf experimentelle Schwierigkeiten, zum Teil aber darauf zurückzuführen, daß einige grundlegenden Meßgrößen verschieden interpretiert werden. So gibt es z. B. noch immer Verwirrung um die richtige Interpretation der experimentell erfaßbaren Kontaktwinkel verschiedener Art, dann um die Ursache der Benetzungshysterese, die außerdem öfters mit dem Auftreten dynamischer Effekte verwechselt wird usw. Jedenfalls kann man eine sehr bedeutende Intensivierung der Forschungsaktivität auf dem Gebiet der Benetzungserscheinungen überall verzeichnen, die meistens durch sehr konkrete Fragestellungen der allgemeinen Verfahrenstechnik sowie technischer Fachdisziplinen angeregt sind. Als Beispiel sei hier die Frage des Brechens von Emulsionen, oder allgemeiner gefaßt der Koaleszenz dispergierter fluider Teilchen (Tropfen oder Blasen) bei Berührung mit festen Grenzflächen erwähnt. Es hat sich eindeutig erwiesen, daß die wichtigste Eigenschaft der dazu angewandten Feststoffe, wie Füllkörper, Faserpackungen, Drahtgestricke usw., ihre Benetzbarkeit mit der flüssigen Phase ist und daß man durch geeignete Wahl von Mischstoffen universelle Emulsionsbrecher herstellen kann.

Man könnte die Beispiele noch weiter aufzählen, doch ist meine Zeit begrenzt. Ich glaube, daß die Einladung ausländischer Fachkollegen zu dieser Sitzung, außer der gegenseitigen Information auch das Ziel hatte, uns darüber Gedanken zu machen, wie könnte man einige Aufgaben bezüglich der Anwendungen der Grundlagenforschung für die weitere technische Entwicklung der befreundeten Länder durch Koordinierung, Kooperation und durch gemeinsam geführte Forschungstätigkeit lösen.

Dietmar Kunath

Diskussionsbemerkung

Die Entwicklung organisch-anorganischer Verbundstoffe beruht heute fast ausschließlich noch auf empirischen Erfahrungen. Ein bestimmter Einfluß der molekularen Struktur der Grenzschichten des Verbundes, die zwischen dem anorganischen Füllstoff, dem Haftvermittler und der organischen Matrix auftreten, läßt sich auf seine makroskopischen Eigenschaften vermuten, aber bisher meßtechnisch nicht erfassen.

Aus Meßdaten der Schwingungsspektroskopie können Aussagen über Wechselwirkungsenergien zwischen Füllstoffkomponente und sorbiertem Haftvermittler einerseits und Matrixkomponente und sorbiertem Haftvermittler andererseits erhalten werden, wobei eine Korrelationsfunktion für Wellenzahlverschiebungen der Schwingungen polarer Wechselwirkungszentren mit experimentell bestimmten Adsorptionsenthalpien notwendig ist, die aus einer Vielzahl von Sorbatsystemen mit niedermolekularen Adsorpten aufgestellt wurde. Intensitätsauswertungen der Schwingungsspektren ergaben Konzentrationsangaben über die Wechselwirkungszentren und gleichzeitig halbquantitative Angaben über die Art der Dipol-Dipol-Wechselwirkung in der Grenzschicht.

Solche Messungen sind an praktischen Verbunden (z. B. Kaolin-Polyäthylen) mit der klassischen Meßtechnik der Infrarotspektroskopie nicht mehr möglich, da die zu erfassenden Mengen der interessierenden Oszillatoren unterhalb der Nachweisgrenze liegen. Allein an Modellverbunden (Aerosil-Polymerhaftvermittler-Polyäthylen) läßt sich die Brauchbarkeit solcher Untersuchungen belegen.

Durch die Entwicklung spezieller Meßtechniken für die Infrarotspektroskopie, wie der diffusen Zweistrahlreflexionsspektroskopie werden auch praktisch interessante Verbundsysteme einer solchen Untersuchungsweise zugänglich. Die Auswertung der Meßergebnisse bedingt ein modernes, physikalisch sinnvolles Bandentrennverfahren, dessen rationelle praktische Durchführung die elektronische Rechentechnik am Meßgerät voraussetzt.

Manfred Ringpfeil

Zur Nutzung von Erscheinungen an biogenen Grenzflächen in industriellen mikrobiologischen und biochemischen Prozessen

Meine Bemerkung zur Diskussion der technischen Anwendung von Grenzflächenerscheinungen verfolgt das Ziel, einige phänomenologische Beobachtungen an Grenzflächen biogener Festkörper darzustellen, die Ähnlichkeit der Erscheinungen bei ihnen und bei „chemischen“ Festkörpern hervorzuheben und damit das Interesse der Theorie und Methodik der Grenzflächenchemie für diese bisher nicht in diesem Zusammenhang beachtete Festkörpergruppe zu wecken.

Gegenwärtig gibt es rasche Fortschritte bei der industriellen Anwendung mikrobiologischer und biochemischer Prozesse. Sie beruhen jedoch noch überwiegend auf einer empirisch-phänomenologischen Basis. Das Verständnis der Ursachen und Zusammenhänge, die diesen komplexen und komplizierten Prozessen zugrundeliegen, ist für die Erhöhung der Stabilität und Intensität der darauf basierenden Produktionen unumgängliche Voraussetzung. Die Biotechnologie versucht, aus der empirisch-phänomenologischen Kenntnis dieser Prozesse Fragen aufzuwerfen, die die naturwissenschaftliche Aufklärung der beobachteten Phänomene erlauben und zu neuen technologischen Lösungen führen.

In diesem Sinne erfolgt auch meine rein pragmatische Definition des Begriffs biogene Festkörper. Unter ihnen sollen die heute technisch relevanten Mikroorganismen, an organischen oder anorganischen Trägern fixierten Enzyme und als Rohstoffe für biotechnische Prozesse infrage kommende Gerüststoffe der belebten Materie wie Zellulose verstanden werden.

Für die Ableitung technischer Maßnahmen zur Handhabung solcher biogener Festkörper finden gegenwärtig noch sehr vereinfachte Modellvorstellungen von ihrer Oberfläche Anwendung. Häufig wird die Struktur und chemische Beschaffenheit der Oberfläche überhaupt nicht berücksichtigt.

Bei Mikroorganismen wurde häufig die Vorstellung verwendet, daß die Oberfläche vollkommen hydrophil ist, ähnlich einem hydrophilen Gel aufzufassen ist. Manchmal wurden die Mikroorganismen als quasihomogen mit dem sie umgebenden wäßrigen Medium betrachtet. Tatsächlich stellen sich natürlich auch infolge der großen Quellfähigkeit der Mikroorganismenoberflächen nicht geringe Widerstände in den Weg, sie in die Gruppe der nach den Modellen der Festkörper- bzw. Grenzflächenchemie zu behandelnden Stoffe einzuordnen.

Die Unzulänglichkeit der bisherigen Modellvorstellungen über die Grenzfläche der Mikroorganismen wurde besonders fühlbar, als die Nutzung von Kohlenwasserstoffen des Erdöls für die Massenproduktion von mikrobiellem Eiweiß aufkam. Die Einführung einer zweiten flüssigen Phase in das 3-Phasensystem Mikroorganismen — wäßriges Medium — Luft kehrte die Eigenschaften der Mikroorganismen als Festkörper hervor.

Schon bei der Mischung des Fermentationsmediums mit Mineralöl zeigte sich, daß sich die verwendeten Mikroorganismen zwischen den Phasen aufhalten, daß ihr Randwinkel $< 90°$ ist, sie also von beiden Phasen benetzt werden und so als Emulsionsstabilisatoren wie andere Festkörper mit ähnlichen Oberflächeneigenschaften wirken.

Die Frage nach dem Mechanismus des Eindringens der Kohlenwasserstoffmoleküle in das Zellinnere rückte die chemische Zusammensetzung und Struktur der Zellbegrenzung in das Feld der Betrachtungen. Das Vorkommen von Poren, die hydrophobe Bezirke längs ihren an die cytoplasmatische Membran führenden Wänden aufweisen, wurde festgestellt.

Die Forderung nach einer vollkommenen Reinigung der Mikroorganismen von nicht genutzten Kohlenwasserstoffen vor ihrer Verwendung als Nahrungs- oder Futtermittel hat die Einführung eines Extraktionsschrittes in den technischen Prozeß erfordert.

Hierbei traten ebenfalls die Eigenschaften der Mikroorganismen als poröse Festkörper hervor, deren Oberfläche chemisch nicht einheitlich zusammengesetzt und deshalb unregelmäßig von Kohlenwasserstoffen belegt ist. Eine besondere Rolle spielen dabei die vorhandenen Protein-Lipoid-Komplexe, deren Zerstörung für die Extraktion der an sie gebundenen Kohlenwasserstoffe offensichtlich erforderlich ist. Hier erhebt sich die interessante Frage, ob die Lösung der Kohlenwasserstoff-Lipid-Bindung auch ohne Zerstörung des Protein-Lipid-Komplexes erfolgen kann.

Gegenwärtig treten für die industrielle mikrobiologische Eiweißsynthese neben den Hefen die Bakterien in das Blickfeld, schon deshalb, weil einige infrage kommende Rohstoffe, zu denen das Methan aus Erdgas zu rechnen ist, nur von Bakterien verwertet werden können. Bakterien sind aber im Gegensatz zu Hefen einem möglichen Befall durch Phagen ausgesetzt. Dieser ist eine potentielle Gefahr für die Stabilität des industriellen Produktionsprozesses.

Der Phagenbefall erfolgt nach einem gut bekannten Mechanismus, dem als Primärschritt eine Anheftung von Proteinfäden der Phagen an die Zellwand des Bakteriums zugrunde liegt. Diese Anheftung ist eine chemische Bindung zwischen polaren Gruppen im Proteinfaden und in der Zellwand. Sie funktioniert nach dem Schlüssel-Schloß-Prinzip. Es gibt also immer bestimmte Paare von Bakterien und Phagen, wobei die Anzahl der Arten von Phagen, die eine Art von Bakterien befallen können, nicht bekannt ist, aber größer als 1 sein kann.

Die Mikrobiologie hat auf diese Gegebenheit mit der Züchtung phagenresistenter Mutanten geantwortet. Allerdings sind diese Organismen immer nur gegen eine einzige Art von Phagen resistent. Es erhebt sich die Frage nach einem universellen Schutz der als Produktionsorganismen ausgewählten Bakterien.

Es scheint, als ob die Benetzung der Bakterien mit höheren Kohlenwasserstoffen einen solchen Schutz bieten könnte. Die technische Bedeutung einer solchen Maßnahme ist aber sicher nur auf Prozesse beschränkt, in denen diese Kohlenwasserstoffe gleichzeitig als Kohlenstoffquelle für das Zellwachstum dienen. Es steht deshalb die Frage, ob ausgehend von dem Primärschritt des Phagenbefalls eine Modifizierung der Bakterienoberfläche in einer Weise erfolgen kann, die einen universellen Schutz gegen die „Landung" von Phagen bietet.

Alle bisher bekannten Bakterien, die in der Lage sind, Methan als Kohlenstoffquelle zu verwerten, zeigen eine interessante Besonderheit: sie sind von einem dichten Netz intrazellulärer Membranen durchzogen. Gleichzeitig weisen sie eine erheblich geringere maximale Wachstumsgeschwindigkeitskonstante auf als andere, auf Substraten wie Glucose wachsende Bakterien. Es ist nicht unberechtigt, beide Befunde im Zusammenhang zu bringen und daraus die Frage abzuleiten, welche Methoden der Grenzflächenuntersuchung zur weiteren Aufklärung und schließlich zur Erhöhung der Wachstumsgeschwindigkeit führen.

In noch viel stärkerem Maße als bei Mikroorganismenreaktionen wurde bei Enzymreaktionen die Vorstellung von der Quasihomogenität des Enzyms mit dem wäßrigen Medium verwendet, zweifellos auch mit einer größeren Berechtigung. Mit der Fixierung von Enzymen an Oberflächen von Festkörpern oder Gelen wie z. B. Glas, Polystyrol oder Carboxymethylcellulose ist aber eine neue Qualität von Stoffen entstanden. Ihre Oberfläche mit den als reaktive Zentren fungierenden fixierten Enzymmolekülen ist zum einen mit den aus der Heterogenkatalyse bekannten Katalysatoren vergleichbar, zum anderen entspricht sie mehr der in der Zelle wahrscheinlich vorherrschenden Anordnung von Enzymen.

Solche Träger/Enzym-Verbindungen eignen sich als Modelle für die weitere Aufklärung der Vorgänge bei der Heterogenkatalyse und der Mechanismen des Stoffwechsels in der Zelle. Sie sind aber auch in technischen Prozessen nutzbar, wobei sie sowohl für Stoffwandlungs- als auch Stofftrennungsschritte (z. B. Affinitätschromatographie) infrage kommen. Einer verbreiteten Einführung stehen jedoch heute unter anderem auch fehlende Kenntnisse über die Wechselwirkung von Träger, Enzym und Substrat entgegen. Sie sind die wesentliche Ursache dafür, daß es heute noch keine Voraussagen über die zweckmäßigste Kombination von Enzym, Kupplungsreaktion und Träger gibt, sondern daß für jedes Enzym und die mit ihm angestrebte Umsetzung Kupplungstyp und Träger empirisch ausgewählt und „maßgeschneidert" eingesetzt werden müssen.

Theorie und Methoden der Grenzflächenchemie können hier sicher zu einer Aufklärung der noch unentdeckten oder empirisch belegten Zusammenhänge zwischen Träger, Enzym und Substrat beitragen und eine Beschleunigung der technischen Nutzung dieses neuen Katalysatortyps herbeiführen.

Schließlich erwachsen auch aus dem Bestreben nach der erweiterten Nutzung pflanzlicher und tierischer Gerüstsubstanzen als Rohstoffe für eine mikrobiologische oder biochemische Produktion Fragestellungen in bezug auf die Grenzflächeneigenschaften dieser Stoffe. Eine gegenwärtig außerordentlich aktuelle Problematik ist die der Beschleunigung der enzymatischen Spaltung der Zellulose zu Glucose.

Bei ihrer Betrachtung kann davon ausgegangen werden, daß Zellulose in der Natur nur selten rein vorkommt sondern meist in strukturierten Gemischen. Weiter steht fest, daß für die enzymatische Degradation der Zellulose die Adsorption des Zellulosekomplexes an ihre Oberfläche erforderlich ist. Die Produkte bzw. Intermediate des Abbaus, Glucose und Cellobiose, wirken wahrscheinlich inhibierend auf den Enzymkomplex ein. Die Problematik der Steigerung der Geschwindigkeit des Zelluloseabbaus beruht also auf einer Aufklärung der Zusammenhänge zwischen chemischer Zusammensetzung und Struktur der Oberfläche des zellulosehaltigen natürlichen Gemischs, der Zutritts- und Adsorptionsfähigkeit des makromolekularen Enzymkomplexes und der Abführung der niedermolekularen Reaktionsprodukte aus den von gequollenen Makromolekülen belegten oberflächennahen Schichten.

Diese aktuellen Beispiele von Fragestellungen aus der Biotechnologie, die die Chemie und Physik von Grenzflächenerscheinungen zum Gegenstand haben, könnten weiter fortgesetzt werden. Die angeführten Beispiele sollten jedoch ausreichen, um zu zeigen, daß es sich nicht um Einzelfragen sondern um eine prinzipielle, komplexe Problematik handelt, die eine Verstärkung der Grundlagenforschung in dieser Richtung lohnend erscheinen läßt.

Weiter zeigen die angeführten Beispiele, daß die für Oberflächen niedriger Energie gegenwärtig typischen Untersuchungsmethoden — Randwinkelmessungen, Benetzungsverhalten sowie Analyse der chemischen Zusammensetzung der Oberfläche — Anwendung finden. Die systematische Einführung von weiteren Untersuchungsmethoden der Grenzflächenchemie und -physik, insbesondere Molekülspektroskopie und Traceranalyse, kann die Aufklärung von Vorgängen an biogenen Oberflächen fördern und zu neuen oder präzisierten Modellvorstellungen führen, die Ausgangspunkt für die bessere Beherrschung und effektivere Durchführung biotechnischer Prozesse sind. Das bedarf jedoch der komplexen Zusammenarbeit der verschiedenen mit biotechnologischen Fragestellungen befaßten Wissensgebiete, zu denen das der Chemie und Physik der Grenzflächenerscheinungen an festen Körpern hinzugezählt werden sollte.

Klaus Meyer

Diskussion und Zusammenfassung zum Komplex III

In der Diskussion sprachen verschiedene Wissenschaftler, wobei die im Vortrag erwähnten Anwendungsgebiete vertieft dargestellt wurden oder neue Anwendungen und Betrachtungsweisen aus den jeweiligen Arbeitsgebieten vorgetragen wurden. Dabei spielten Grenzflächenphänomene mit flüssiger Phasengrenze eine dominierende Rolle. Unter anderem sprachen:

1. Prof. Scheludko, Sofia, über die Kapillartheorie der Flotation. Durch Einführung eines neuen Parameters, der linearen Benetzungsenergie, konnte theoretisch die Bildung von Drei-Phasenkontakten modellmäßig dargestellt werden. Insbesondere wurde das Auftreten der Energiebarriere verständlich gemacht. Die dargestellte Kapillartheorie der Flotation hat grundlegende Bedeutung für die Flotation selbst bzw. in allgemeinerer Form für Koaleszenzvorgänge.

2. Prof. Emanuel, Moskau, sprach über Festkörperoberflächen bei Flüssigphasenreaktionen und behandelte die Rolle der festen Phase in flüssigen Systemen. Insbesondere konnte er anhand einiger Beispiele aus der Katalyseforschung nachweisen, daß die Diffussion der Reaktanden an die Grenzfläche nicht in jedem Fall der geschwindigkeitsbestimmende Schritt darstellt. Insbesondere hat er am Beispiel des Prozesses der Essigsäureherstellung den aktiven Einfluß der Festkörperoberfläche auf die Prozeßführung herausgestellt und damit auf die Selektivität und Geschwindigkeit der Reaktion. Besonders behandelte er den Aktivierungseinfluß der Oberfläche auf den Reaktionsverlauf, die Erzeugung bzw. Vernichtung von Radikalen und die Rolle, die die Oberfläche beim Kettenabbruch spielt.

3. Prof. Wolfram, Budapest, sprach über neuere Ergebnisse aus seinem Institut zum Problem der Spreitung von Flüssigkeiten auf Festkörpern. Anhand von Beispielen hat er nachgewiesen, daß der Benetzungsvorgang ein außerordentlich komplizierter Prozeß ist, der nicht einfach getrennt betrachtet werden kann von Adsorptionsprozessen, die im allgemeinen der Benetzung einer Festkörperoberfläche mit einer Flüssigkeit vorausgehen oder aber gleichzeitig ablaufen. Bei der Benetzung von porösen Festkörpern spielen neben Adsorptionsprozessen die Rolle der Poren eine wesentliche Rolle (s. Diskussionsbeitrag).

4. Prof. Wolf, Halle, sprach über die Anwendung neuer Adsorbentien für Probleme des Umweltschutzes. Er stellte eine neuere Gruppe von Aluminatsstruktu-

ren vor, die als Anionenaustauscher aufgefaßt werden können. Diese schichtartigen Strukturen zeichnen sich durch eine hohe Adsorptionskapazität aus und sind geeignet, geringe Mengen von Schadstoffen selektiv aus Gasgemischen zu trennen. Als Beispiel wurde die Entfernung des Quecksilbers aus quecksilberhaltigen Erdgasen genannt, die die zulässigen Höchstwerte weit überschreiten und die erst nach Abtrennung des Quecksilbers wirtschaftlich genutzt werden können. Durch geeignete Modifizierung herkömmlicher Molekularsiebe, wie sie die Zeolithe darstellen, lassen sich ebenfalls spezifische Schwermetalle bzw. anionische Schadstoffe, wie z. B. Phosphate bzw. NO in spezifischer Weise abtrennen.

5. Prof. Thiessen, Berlin, sprach über die Bildung des Laufspiegels an einer Nickel-Kupferlegierung (Monell-Metall). Am Beispiel des Systems Monell (Ni:Cu = 70:30) — Paraffin — Rizinusöl-Kolloidgraphit behandelte er die Bildung des Laufspiegels in einem Labor-Bearbeitungsaggregat. Mittels röntgenographischer Untersuchungsmethoden und Rauhigkeitsmessung konnten Aussagen über die phasenmäßige Zusammensetzung der Schicht und über den strukturellen Aufbau gemacht werden.

6. Dr. Kunath, Berlin, berichtete über IR-spektroskopische Ergebnisse der molekularen Struktur von Grenzschichten in Verbunden (s. Diskussionsbeitrag).

7. Prof. Ringpfeil, Leipzig, sprach über die Bedeutung biogener Grenzflächen im Zusammenhang mit Stoffwandlungsproblemen bei der Eiweiß-Synthese (s. Diskussionsbeitrag).

Zusammenfassung

Das Ergebnis der Beratung kann zusammenfassend so dargestellt werden, daß Oberflächenphänomene eine breite Anwendung bei der Stoffwandlung und Stofftrennung finden bzw. in vielfältiger Weise technologische Prozesse der chemischen Industrie und anderer Industriezweige beeinflussen. Es handelt sich bei den in der Praxis vorkommenden Systemen im allgemeinen immer um sehr komplexe, die sich aus Teilproblemen zusammensetzen, deren funktionelle Abhängigkeit oft nicht bekannt ist. Prof. Wolfram hat gezeigt, wie eng der Prozeß der Benetzung von Festkörperoberflächen mit anderen, zeitlich vorgelagerten bzw. gleichzeitig ablaufenden Prozessen verknüpft ist. (s. Diskussionsbeitrag).

Ein weiteres Problem ist die Übertragbarkeit theoretischer Vorstellungen auf reale Systeme. So wurde u. a. in den Beiträgen von Prof. Scheludko und Prof. Wolfram gezeigt, daß die DLV-Theorie, die für die Modellsysteme bestätigt wurde, für reale Systeme gewisser Erweiterungen bedarf.

Damit ergibt sich überhaupt die Frage nach der Bedeutung der Aussagefähigkeit und Anwendbarkeit von Modellen. Modelle besitzen im Hinblick auf die Modellierung realer Systeme grundsätzlich einen anderen Charakter als Modellvorstellungen, die etwa bei der Beschreibung der Elementarprozesse, z. B. der Wechselwirkung einer Festkörperoberfläche mit Gasmolekülen, die zur Rekonstruktion der Oberfläche führt, herangezogen werden. Letztere Modelle lassen verallgemeinerungsfähige Aussagen für andere Systeme unter gewissen veränderten Bedingungen zu. Modelle von Oberflächenprozessen von in der Technik ablaufenden Vorgängen besitzen einen anderen Inhalt. Sie sind im allgemeinen aus mehreren Zwischenstufen aufgebaut, die jeweils bestimmte Parameter in ihrem Einfluß auf das Oberflächenverhalten bzw. auf an Oberflächen ablaufenden Prozessen erfassen.

Eine weitere Schlußfolgerung kann dahingehend gezogen werden, daß große Möglichkeiten in der gezielten Modifizierung der Festkörperoberfläche im weitesten Sinne bzw. in der Einführung neuer Substanzen bzw. Substanzklassen bestehen, um bestimmte Grenzflächeneigenschaften hervorzubringen, gewissermaßen um Festkörper bestimmten Aufgabenstellungen anzupassen:

Zum Beispiel kann die Modifizierung von Molsieben mit Silberionen zu einer wesentlichen Verbesserung des Trenneffektes von quecksilberhaltigen Gasen führen, bzw. die Präadsorption kann die Trennung von Sauerstoff und Stickstoff günstig beeinflussen.

Komplex IV[1]

Hans Müller

Theoretische Grundlagen der Grenzflächenerscheinungen

Auch diese Beratung hat wieder eindrucksvoll gezeigt, daß die Oberflächenchemie zu einem der wichtigsten und am meisten bearbeiteten Gebieten der experimentellen Chemie gehört. Demgegenüber stehen die theoretisch-atomistischen Untersuchungen in diesem Bereich weit zurück, obwohl gerade in den letzten Jahren ein deutlicher Fortschritt auf diesem sehr komplexen Gebiet erzielt werden konnte. Über diese positive Entwicklung der atomistischen Theorie der Adsorption soll im folgenden kurz berichtet werden.

1. Womit beschäftigt sich die atomistische Theorie beim Adsorptionsprozeß?

Tabelle 1 gibt einen Überblick über wichtige physikalische und chemische Größen bzw. Eigenschaften, deren Berechnung im Rahmen einer atomistischen Theorie angestrebt wird. Als Ordnungsprinzip fungiert die globale Reaktionsgleichung

$$\text{Adsorbens} + \text{Adsorptiv} \rightarrow \text{Adsorbat} \qquad (1)$$

Selbstverständlich kommt das Primat aller Untersuchungen dem Adsorbat zu. Zu Vergleichszwecken sind aber auch am Adsorbens eigenständige Untersuchungen erforderlich (das gleiche gilt auch für das Adsorptiv); hier ist es besonders wichtig, sich vor Beginn der eigentlichen Adsorptionsuntersuchungen davon zu überzeugen, daß das gewählte Festkörpermodell eine befriedigende Wiedergabe der Elektronenstruktur des betreffenden Substrates gestattet. Das Adsorptiv interessiert im wesentlichen in der Form des Adsorptes.

2. Zur Festkörpermodellierung

Die Schwierigkeiten, die bei der theoretischen Beschreibung der Adsorption auftreten, trägt der Reaktant „Adsorbens" in die Gl. (1) hinein; sie bestehen in der komplizierten theoretischen Beschreibung des Festkörpers. Deswegen ist vor jeder Adsorptionsuntersuchung eine geeignete Modellierung des Festkörpers erforderlich.

[1]) Zur Diskussion sprachen: B. Jezowska-Trzebiatowska, A. A. Vlček, R. A. Kaishev, H. Dunken, D. Kunath, F. Wolf, G. Schay, J. Haber, H. Müller, G. Keil

Die Tabellen zu diesem Artikel
finden Sie auf den Seiten 59—62
im Anschluß an das Schlußwort.

Die vielfältigen Möglichkeiten der theoretischen Beschreibung eines Festkörpers sind in Tabelle 2 stark vergröbernd in zwei großen Gruppen zusammengefaßt: der unendlich ausgedehnte Festkörper, der im allg. eine festkörperphysikalische Behandlung erfordert und das Clustermodell des Festkörpers, das eine quantenchemische Beschreibung gestattet. Damit liegt der Vorteil des zuletzt genannten Festkörpermodells auf der Hand, da das gesamte Arsenal quantenchemischer Methoden, die zur Molekülberechnung entwickelt wurden, zu seiner Behandlung zur Verfügung steht. Seine Vorteile und die in den letzten Jahren erzielten Erfolge haben diesem Modell zum Durchbruch verholfen.

3. Die quantenchemischen Methoden zur Beschreibung der Adsorption

Will man das Ziel quantenchemischer Untersuchungen des Adsorptionsprozesses auf eine Kurzform bringen, so könnte man formulieren

- Bestimmung der Gleichgewichtslagen aller Kerne im System Adsorbens/Adsorptiv; das setzt die Kenntnis seiner Elektronenstruktur voraus. Auf diese weise erhält man ein statisches Bild des Systems (1) (Potentialhyperfläche)
- Untersuchung der Stoßprozesse zwischen Adsorptiv und Festkörperoberfläche unter Verwendung der Potentialhyperfläche, da jede Reaktion nur in einer dynamischen Theorie vollständig beschrieben werden kann (heterogene chemische Dynamik).

Dieses weitgesteckte Ziel der Quantenchemie der Adsorptionsprozesse wird heute in breiter Front auf ganz unterschiedlichem Niveau angesteuert; dabei reicht die Palette der Verfahren von ab initio Rechnungen bis zu rein empirischen Überlegungen. Die wichtigste Aufgabe kommt hierbei den semiempirischen MO-Verfahren zu und hier vor allem jenen Verfahren, die für große Moleküle entwickelt wurden und einen relativ ökonomischen Computereinsatz ermöglichen.

Tabelle 3 zeigt einen Überblick über einige ausgewählte quantenchemische Methoden zur Beschreibung der Adsorptionsphänomene. Dabei spielen heute in der Literatur solche einfache Verfahren wie die Hückelsche Molekülorbitalmethode (HMO) oder das Modell der freien Elektronen (FEM) nur noch eine untergeordnete Rolle, während die vertiefteren Verfahren wie die erweiterte Hückeltheorie (EHT) oder das durch „complete neglect of differential overlap" (CNDO) gekennzeichnete Verfahren stärker für Untersuchungen herangezogen werden. Die Beseitigung der rigorosen Integralnäherungen und jeglicher Parametrisierung im Verein mit der Behandlung aller Elektronen des Systems (ab initio Verfahren) ist z. Z. nur für ausgewählte kleine Systeme möglich. Eine sowohl für Adsorptionsuntersuchungen als für die Quantenchemie selbst recht junge Methode ist die „self-consistent-field-X_α-scattered-wave"-Methode, die in der letzten Zeit bezüglich ihrer guten Ergebnisse und der relativ geringen Rechenzeit Aufersehen erregte.

Beim Vergleich der einzelnen Methoden und ihrer Ergebnisse zeigt sich, daß sich die verschiedenen Verfahren in bestimmter Hinsicht ergänzen (z. T. auch widersprechen), so daß der Einsatz mehrerer Methoden zur Lösung eines Problems erforderlich ist.

Tabelle 4 enthält die derzeitigen Antworten verschiedener Methoden auf die Grundfrage des Clustermodells nach der Mindestzahl n_{min} von Atomen, die man im Cluster berücksichtigen muß, um eine befriedigende Beschreibung der Elektronenstruktur des betreffenden Substrats zu erhalten.

4. Die adsorptiven Bindungsverhältnisse an der Festkörper-Oberfläche

Bei der theoretischen Untersuchung dieser Fragestellung interessiert in erster Linie das Wechselwirkungspotential (Potentialfläche) zwischen Adsorbens und Adsorptiv. Die meisten derzeitigen Untersuchungen beschäftigen sich mit einer statischen Betrachtungsweise der adsorptiven Bindungsverhältnisse. Dabei kann man entweder vom Modell der starren Oberfläche (MSO) oder vom Modell der reaktiven Oberfläche (MRO) ausgehen und bestimmte Reaktionsabläufe durch eine Folge statischer Teilschritte simulieren. Tabelle 5 gibt einen Überblick über einige charakteristische Situationen in den beiden genannten Modellen. Für den Gesamtvorgang der Wechselwirkung eines Adsorptivs A mit der Festkörperoberfläche bis zur Desorption des Moleküls AF (F = Festkörperbaustein) zeigt die Quantenchemie, daß dieser Prozeß („Balloneffekt") im konkreten spontan bzw. schwach exotherm ablaufen kann.

Demgegenüber stehen die atomistischen Untersuchungen der Stoßprozesse zwischen Adsorptiv und Festkörperoberfläche noch ganz am Anfang ihrer Entwicklung, vor allem bei molekularen Adsorptiven. Es existieren hier tastende Versuche in der Literatur, die die Kernbewegung des Adsorptivs auf der Potentialfläche nicht durch Lösung der SCHRÖDINGER-Gleichung (Streutheorie), sondern durch Berechnung von Trajektorien mittels der HAMILTONschen Bewegungsgleichungen beschreiben und hierbei wichtige Informationen z. B. über Energieaustauschprozesse oder Stoßzeiten liefern.

Zusammenfassend kann festgestellt werden, daß sich die Quantenchemie heute anschickt, das Übergewicht der experimentellen Untersuchungen auf dem Gebiet der Adsorption durch eigene Beiträge abzubauen. Zu dieser Aussage berechtigen die ermutigenden Entwicklungen seitens der Festkörpermodellierung, der quantenchemischen Methoden zur Adsorptionsuntersuchung und die beginnende Entwicklung einer heterogenen chemischen Dynamik.

Gerhard Keil

Schlußwort

Ich bin der Überzeugung, daß wir oft wenig Zeit haben, um nachzudenken über das, was wir tun müssen, und das auch, wenn es sich um wesentliche Probleme handelt. Deshalb fällen wir manchmal Entscheidungen, die langfristige Auswirkungen haben, viel zu schnell und bemerken zu spät, wenn der Weg falsch ist.

Wir, die wir eine hohe Veranwortung für die Entwicklung unseres Wissenschaftgebietes tragen, sollten solche Möglichkeiten des Meinungs- und Erfahrungsaustausches — wie diese Klassensitzung — mehr nutzen, Tagungen, vor allem große Veranstaltungen, geben uns in dieser Hinsicht nur wenig. Ich schätze deshalb den Nutzen dieser Veranstaltung sehr hoch ein und bitte Sie um Entschulidung für Schwächen, die auf dieser Veranstaltung als der ersten dieser Art, noch aufgetreten sind.

Ich glaube, daß die Thesen, die OM Schirmer vorgegeben hat, völlig von der Diskussion bestätigt wurden. Sie sind durch viele Anregungen ergänzt worden.

Die Arbeiten an und mit dem Festkörper sind für die Entwicklung der Chemie und die Klärung vieler Fragen zur Festkörpergrenzfläche von großer Bedeutung, auch für die Klärung offener technologischer Probleme.

In der Diskussion zum Komplex 3: „Anwendung von Grenzflächenerscheinungen in der Industrie“ haben sich viele Kollegen eine große Beschränkung der Redezeit auferlegen müssen. Die wenigen Probleme, die wir ansprechen konnten, haben uns die Bedeutung der Grenzflächenprobleme für die unterschiedlichsten Fragen eindeutig gezeigt.

Es ist deshalb notwendig, daß Arbeiten zur Vertiefung der Erkenntnis über die Festkörpergrenzfläche zielgerichtet weitergeführt werden, und zwar ist einerseits die Weiterentwicklung der Methoden nötig, sowohl neuer als auch der klassischen und ihrer Kombination, und das in enger Wechselwirkung von Theorie und Experiment und andererseits die Untersuchungen zu ausgewählten Fragestellungen aus der technologischen Praxis bzw. zu technisch relevanten Problemen.

In jedem Fall sollten solche Aufgaben ausgewählt werden, die einen Beitrag zur Vertiefung der theoretischen Erkenntnis liefern und von praktischer Bedeutung sind. Daß es derartige Aufgaben in genügender Zahl gibt, zeigt die Vielzahl der Probleme, die angesprochen wurden, und nicht ausführlich diskutiert werden konnten.

Wir werden uns in der DDR bemühen, über die entsprechenden Problemgruppen im Rat für physikalische Chemie eine vertiefte inhaltliche Abstimmung der verschiedenen Arbeitsrichtungen zu erreichen. Dabei dürfen wir nicht übersehen, daß es sich im Verlauf der Diskussion auch gezeigt hat, daß es ein prinzipiell neues „Leitprinzip“, eine gemeinsame tragende Idee für die zahlreichen Probleme nicht gibt. Es wurden immer von speziellen Fragestellungen ausgehend die Methoden und Mittel eingesetzt. Deshalb kann das Ergebnis dieser Veranstaltung auch nur darin bestehen, daß wir weiter versuchen, bei Behandlung spezieller Probleme zum allgemeineren Prinzip vorzustoßen.

Für die Akademie der Wissenschaften der DDR können wir feststellen, daß die Arbeitsrichtungen auf diesem Gebiet in den Einrichtungen bis 1980 im Prinzip richtig konzipiert sind. Ich denke, das gilt auch für die Einrichtungen der Hochschulen.

Wir glauben, daß vieles, was hier gesagt wurde, Anregung für die weiteren Forschungen sein kann.

Die internationale Zusammenarbeit der Akademien der sozialistischen Länder hat einen hohen Stand erreicht, und wir sollten den auf dieser Zusammenkunft behandelten Fragen in der weiteren Arbeit bei Abstimmungen, Symposien und anderen noch mehr Aufmerksamkeit widmen.

Ich sehe ein Problem dabei darin, daß viele der Spezialgebiete, die wir behandelt haben, sich zu eigenen Wissenschaftsdisziplinen entwickeln.

So war es bei uns z. B. nicht einfach, die heterogene Katalyse, die homogene Katalyse und die Biokatalyse, richtiger ihre Vertreter, zu einem stärkeren Erfahrungsaustausch zu bewegen, weil alle Spezialisten ihr Gebiet für selbständig hielten.

Allerdings lassen sich manche Forschungsmethoden an der Festkörpergrenzfläche schwer verallgemeinern, reicht doch das Spektrum von der Kollidchemie bis zur quantenchemischen Berechnung der Oberflächenzustände.

Bei aller notwendigen Spezialisierung sollten wir aber auch bei der internationalen Zusammenarbeit der Akademien den gemeinsamen Prinzipien hin und wieder unsere Aufmerksamkeit schenken und dazu hat diese Veranstaltung einen guten Beitrag geleistet.

Tabelle 1

Reaktant	zu berechnende physikalische und chemische Größen bzw. Eigenschaften
Adsorbat	Adsorptionsenergien adsorptive Bindungsverhältnisse Ladungsverteilung Elektronenstruktur Gleichgewichtsgeometrie } an unterschiedlichen Adsorptionsplätzen Bewegung des Adsorptes an der Oberfläche, Barrieren Potentialhyperfläche Eigenschaftsänderung durch Adsorption im Adsorptiv und im Adsorbens Reaktionen an und mit der Oberfläche usw.
Adsorbens	Elektronenstruktur, Ladungsverteilung, Bandstruktur, DOS Kohäsionsenergie, Elektronenaustrittsarbeit Einfluß der Oberfläche selbst, Oberflächenzustände, „dangling bonds" Defekte aller Art, Defektzustände in der verbotenen Zone Leerstellen, -bildungsenergie, -wanderung, Diffusion Gitterrelaxation an der Oberfläche, an Defekten Gleichgewichtsgeometrie usw.

Tabelle 2

Festkörpermodell	Eigenschaften, Besonderheiten
in den 3 Raumrichtungen unendlich ausgedehnter Festkörper	streng periodischer Aufbau Bändermodell, Volumeneigenschaften keine Oberfläche, also keine Adsorption möglich erst der Verzicht auf strenge Periodizität in einer Richtung (kristalliner Halbraum) ermöglicht Adsorption
in den 3 Raumrichtungen endlich ausgedehnter Festkörper = Cluster	Kristallit mit einer endlichen Anzahl n von Gitterpunkten, die in einer bestimmten Struktur S angeordnet sind Für alle berechneten Größen G^{Cl} gilt hier $G^{Cl} = G(n,S)$ (2) 2 Nutzungsmöglichkeiten des Clustermodells: – Simulierung des makroskopischen Festkörpers (z. B. $n \to \infty$) – Beschreibung der tatsächlichen Eigenschaften kleiner Teilchen

Tabelle 3

Methode	Charakteristik	Bemerkungen
HMO	Berücksichtigung der Cluster-Topologie	nur mit diesen einfachsten Verfahren läßt sich $G^{Cl} = G(n)$ analytisch angeben und $\lim_{n\to\infty}$ explizit ausführen
FEM	Kräftefreie Behandlung der Valenzelektronen	
EHT	Einelektronenbehandlung der Valenzelektronen Parametrisierung der Integrale	Anwendung auf große Cluster; Ergebnisse ermutigend; Ladungsverteilung und Gleichgewichtsabstände z. T. unrealistisch; relativ kleiner Rechenaufwand
CNDO	Explizite Berücksichtigung der Elektronenwechselwirkung Komplette Vernachlässigung der differentiellen Überlappung Parametrisierung der meisten Integrale selbstkonsistente Lösung der Schrödingergleichung	Anwendung auf mittelgroße Cluster; Ergebnisse gut, vor allem Ladungsverteilung und Gleichgewichtsabstände; Überschätzung der Energie; erträglicher Rechenaufwand;
ab initio Verfahren	Behandlung aller Elektronen des Systems Berechnung aller Integrale (ohne empirische Zutaten) selbstkonsistente Lösung der HF-Gleichungen	Anwendung auf kleine Cluster; Ergebnisse sehr gut; sehr großer Rechenaufwand
SCF–X_α–SW	Aufteilung des Clusters in 3 Gebiete (atomar, zwischenatomar, extramolekular) Lösung der Schrödingergl. für diese Gebiete mittels „muffin-tin"-Näherung (ein- u. auslaufende Kugelwellen) Berücksichtigung der Stetigkeits- u. Streubedingungen Selbstkonsistente Lösung	Anwendung auf mittelgroße Cluster; Ergebnisse im allg. sehr gut, vor allem für Metall-Cluster (Beziehungen zur KKR-Methode der Festkörper-Theorie); erträglicher Rechenaufwand (vergleichbar mit EHT/CNDO)

Tabelle 4

	EHT	CNDO	ab initio-Verfahren	SCF–X_α–SW
n_{min}	Bei $n = 10 \cdots 20$ ergeben sich Clustereigenschaften die sich z. T. noch deutlich von Festkörperereigenschaften unterscheiden		$\gtrsim 10$	≈ 1 Dutzend

Tabelle 5

	Modell der starren Festkörperoberfläche (MSO)		
E_A^P Aktivierungsenergie für Platzwechsel v.A	$\ll kT$	$\lesssim kT$	$\gg kT$
Potential $V(\vec{r})$ Adsorptiv $A(\vec{r})$	$\approx$ const frei mobil nicht lokalisiert $A(x, y)$: kräftefreie Bewegung in 2 Dimensionen ↓ 2-dim. quasi-Gasreaktion	$V(x, y, z)$: Migrationsbarrieren aktiviert mobil temporär lokalisiert $A(x, y, z)$: behinderte Translation bzw. Oberflächendiffusion ↓ Reaktion *an* der Oberfläche (z. B. Katalyse)	$V(r, \vartheta, \varphi)$ immobil lokalisiert $A(r, \vartheta, \varphi)$: Schwingungen, beschränkte u. behinderte Rotationen ↓ Charakteristik der adsorptiven Bindung (z. B. Oberflächenschutz)

Modell der reaktiven Festkörperoberfläche (MRO)[1]			
E_{AF}^{Demet} Demetallisierungs-energie von AF	$\gtrsim kT$	$\lesssim kT$	≤ 0
Potential $V(\vec{r})$ Adsorptiv „AF"/AF	Oberflächenmolekül „AF" $V(r, \vartheta, \varphi)$ noch immobil noch lokalisiert „AF"(r, ϑ, φ): Schwingungen, Rotationen	Demetallisierung $V(x, y, z)$ „AF" → AF = A' (vgl. MSO)	Desorption $\approx$ const frei mobil nicht lokalisiert AF(x, y, z): kräftefreie Bewegung in 3 Dimensionen ↓ homogene Gasreaktion
	↓ Charakteristik des Oberflächenmoleküls Reaktionen mit der Oberfläche (z. B. gas-fest-Reaktionen; Korrosion)		

[1]) am Beispiel eines metallischen Festkörpers

FSC
www.fsc.org
MIX
Papier | Fördert
gute Waldnutzung
FSC® C083411

Zeitfracht Medien GmbH
Ferdinand-Jühlke-Straße 7
99095 Erfurt, Deutschland
produktsicherheit@kolibri360.de